超可愛！

小本廚房的手繪幸福餅乾。

小本 著

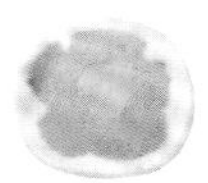

老實說
從沒想過會有這麼多朋友
喜愛小本的 BLOG

看著每天人氣的上升
眞的超開心的
也希望可以分享更多更多
做餅乾的樂趣

眞幸福耶～因爲有大家，現在的我才會這麼幸福

幾年前，因為家中開的店，每到節慶時，都需要一些手作點心，基於好奇，也為了能讓大家吃到和外面不一樣的點心，所以就開始試著自己做做看。一開始，看了琳瑯滿目的各種食譜，真是讓我頭昏眼花（暈～），後來決定先從比較容易成功的餅乾著手，想不到，幫店裡派對烤的糖霜餅乾大獲好評，而且讓人印象深刻。所以，小本便開始期待下一次派對的來臨，也著手研究更多的造型餅乾與點心了！

本來只是抱著試一試的心態在做餅乾，並且在部落格上和大家分享這些點滴，卻意外地逐漸成為小本非常熱衷的興趣了。因為從中獲得的樂趣與成就感，再加上許多網友的支持與鼓勵，甚至有人喜愛到開始向我訂購，除了讓小本受寵若驚外，更讓小本對製作造型餅乾有更多的信心。

小本並不是專業的烘焙師，也沒有受過正統的餐飲烘焙訓練，但是遇到自己喜愛的糕點，都會很認真的研究與試作，從中找出最棒又最簡單的配方，也非常樂於和大家分享，在此機緣下，相當感謝繪虹出版的青睞，多次跟小本接洽出書的事宜，當下真的嚇了一大跳，不太敢直接答應，但在親朋好友的鼓勵與支持下，才決心拿出最大的勇氣答應出書。萬萬沒想到書一出版，就獲得廣大的熱烈迴響，銷售成績遠遠超過當初的預期，真的非常開心，為了感謝大家的支持，這次的改版，小本也拿出最大的誠意，新增了56種可愛的糖霜造型，希望大家會喜歡哦！

出版這本書，就是為了和大家分享小本在烘焙的過程中得到的經驗和點子，期盼大家能藉由本書一同開心地徜徉在烘焙的世界裡。

這本書真的是小本用盡心力完成的作品，歡迎各位舊雨新知能不吝指教！

Love You!

小本

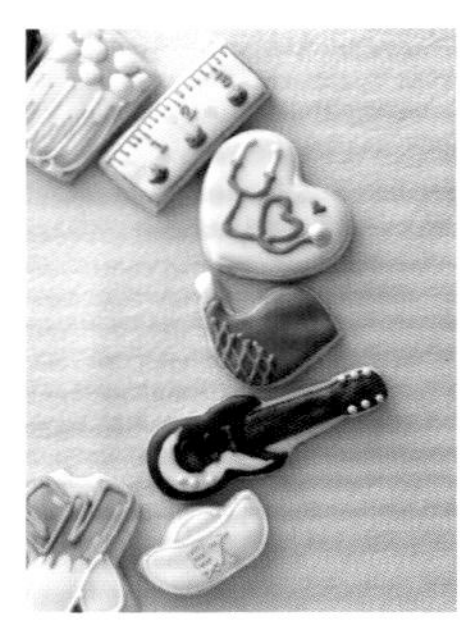

Contents

PART 3 就愛節慶造型！

與小本一同做超人氣的糖霜餅乾

PART 4 一學就會！

和小本一起做可愛的冰箱餅乾

PART 5 食材徹底活用！

美味又簡單的午茶點心

鏘鏘！這裡是小本的幸福廚房

嘿嘿！感覺有點不好意思，
因爲我家的廚房就眞的是一個很普通的廚房啦（羞）

14種超好用必備工具

一個都不能少，它們是我最重要的夥伴

1 篩網

主要是拿來過篩麵粉，以免結塊影響口感。

2 打蛋器

任何攪拌都可以拿來用，懶惰時，我也會用電動的來省力。呵呵～

3 橡皮刮刀

有些麵糊不能過度攪拌以免消泡，這時就是橡皮刮刀出場的時候啦！另外，也可以輕鬆的將鋼盆內的麵糊刮乾淨，非常好用。

4 竹籤

查看甜點有沒有熟時使用的竹籤，總覺得用一次就丟掉很可惜，後來發現拿來畫一些餅乾細部的表情也非常好用，而且省去清洗的麻煩。讚～

5 量匙

做甜點，比例都非常重要，小小份量的計量，用量匙最好了。

6 切刀

切餅乾時，用菜刀（長一點的比較好操作）比用鋸齒刀或切麵刀好用，切出來的線條乾淨俐落，又不會沾黏，而且不必花錢再買工具。小本我果然是勤儉持家的煮婦～（笑）

7 保鮮膜

整型好的餅乾因為怕會吸附到冰箱的雜味，所以最好用保鮮膜包好再放進冷藏或冷凍。另外，麵糰在整型桿製時，如果不想使用手粉，保鮮膜也是非常好的工具哦！

8 桿麵棍

市面上的桿麵棍有很多種，只要得心應手就可以了，小本我就喜歡長～一些的，因為大一點的麵皮也可以一次搞定。

9 烘焙紙

可墊在烤盤底下以防止餅乾沾黏，或是有些餅乾麵糊比較濕軟，在整形後不方便再移動，這時，就可以連同底下的烤盤紙一起移入烤盤中烘烤，這樣就不需要清洗烤盤啦！這可是環保又省水哦！

10 杯子蛋糕紙模

用蛋糕紙模直接烘烤，除了送人很體面之外，自己吃時，一次吃一個，份量剛剛好，不然美味的糕點，很容易讓人一口接一口，完全淪陷～

11 三明治用塑膠袋

用三明治塑膠袋的好處是可以一次調很多種顏色，粗線條就將開口剪大一些，細線條就剪小一些，用不完方便儲存，用完即丟，非常方便衛生！

12 巧克力模

這是用來製作各種巧克力造型時使用的，用不完的巧克力磚，可以拿來做各種巧克力點心，心情不好的時候來一顆，馬上開心的微笑呢～

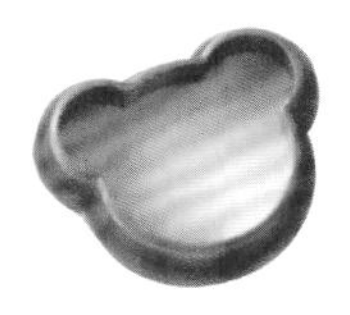

13 餅乾模

我擁有超～多的餅乾模哦！曾經在網路上買過超美的芭蕾舞鞋模子，但因為實在太多小孔洞，所以麵糊常常都會黏在上面，超懊惱的～

14 鋼盆

所有材料都可以在鋼盆內混合完畢，使用鋼盆的好處是不會有死角，能將材料充分混合，清洗時也很方便，有大、中、小不同的尺寸，我會依照份量來決定使用哪一種。

19種最實用烘焙食材

餅乾要看起來可愛，吃起來美味，這些都是絕對必要的！

1 奶油〔牛油〕

製作餅乾與烘烤糕點最重要的材料，市面上的廠牌很多，但是一定要買動物性的奶油才好哦！像是乳瑪琳、白油雖然便宜，但因為是人造奶油，化學做成的，一點都不健康～

2 鮮奶油〔鮮忌廉〕

可以讓餅乾與糕點呈現出濃郁的奶香味，與奶油相同，都是奶製品，市面上還有另一種植物性的鮮奶油，因為裡面有反式脂肪成分，所以我還是愛用動物性的鮮奶油呢！

3 砂糖

餅乾糕點主要甜味的來源，使用時可以酌減，但是絕對不能不加哦！如果不加，糕點在烘焙的過程就，就無法達到理想的狀態哦！

4 雞蛋

這也是做餅乾糕點不可少的主要材料之一，小本覺得市售雞蛋比較有腥味，所以如果是調製糖霜，建議使用品質較好的雞蛋哦！

5 檸檬汁

檸檬汁具有去腥與增添風味的功能，我常拿來調製糖霜時使用，當然也可以使用柳橙汁！但是柳橙汁因為有顏色，容易影響糖霜的顏色，所以我還是愛用檸檬汁。

6 巧克力磚

巧克力磚有各種口味，有牛奶巧克力、純白巧克力、草莓巧克力等，顏色也不一樣哦！草莓巧克力是粉紅色，純白巧克力是白色，而牛奶巧克力則是巧克力色，可以依照自己的喜愛來選擇。

7 香草精〔雲尼拿香油〕

調製糖霜時，可以增加香氣，我也很喜歡加在杯子蛋糕或其他糕點中，但是香草精的品質好壞差很多，在選擇的時候要多注意一點。

8 杏仁角

杏仁角顆粒較小，很適合混在餅乾或糕點中，如果想要口感更明顯，當然也可以選擇如杏仁粒、腰果等堅果哦！

9 色膏

小本我有一抽屜的色膏，就像水彩一樣，單一色膏使用起來，比用多種顏色調出的效果要好，例如橘色就比用紅色加黃色色膏所調出來的更乾淨鮮亮哦！

10 低筋麵粉

是蛋白質含量最少的粉類，適合做餅乾、蛋糕等點心，中筋麵粉適合做中式的麵點，高筋麵粉則適合做麵包類的點心，小本我會不時查看庫存量才會安心，不然有時餅乾做到一半發現不夠時，一整個冏～

11 泡打粉

能讓點心在烘焙的過程中產生許多氣體，讓點心口感鬆軟，現在市面上很多泡打粉都含有鋁，記得要購買無鋁泡打粉才比較健康哦！叮嚀～

12 糖粉

比較容易和粉類結合融化，砂糖因為是顆粒狀，有時不注意，常會殘留在麵糊中影響口感與甜度，另外，做繪製的糖霜，糖粉也是不可少的重要食材之一哦！所以小本買糖粉時，可是大包大包的買呢！完全不手軟～

13 奶粉

這是增添餅乾香味的祕密武器哦！比牛奶更能呈現出奶香味，而且使用奶粉比較不會影響餅乾的口感，烤出來的顏色也會比較金黃，有時餅乾畫到一半肚子餓，泡一杯來喝也很不錯呢！

14 可可粉

除了讓麵糰擁有巧克力風味之外，還能讓麵糰呈現咖啡色色澤，是做冰箱餅乾時，最好的調色粉，小本實在不喜歡用色素來做麵糰，天然的尚好～！

15 深黑可可粉

和可可粉的功能一樣，但是能調出深咖啡色的色澤，這種色澤很自然，使用的份量也可以減少些。

16 黃金乳酪粉

除了增添餅乾乳酪風味之外，能使麵糰呈現出橘色色澤，而且小本覺得這種天然的橘色比用色素還好看哦！

17 抹茶粉

除了讓麵糰擁有抹茶的風味之外，還能讓麵糰呈現出綠色色澤，如果想要深綠色，可以多加些，但小心加過頭會有苦味哦！

18 竹炭粉

其實竹炭粉並沒有竹子的味道，但是對人體有益，而且可以調出黑色的麵糰，有時冰箱餅乾需要畫表情時，竹炭粉也夠黑，很好用。

19 紅麴

紅麴也是最近人氣很夯的食材，調出來的麵糰是粉紅色澤，加太多也不會變紅色哦！可是我覺得這種顏色反而更有手作感呢！

基礎餅乾麵糰製作

從麵糰開始，
享受做餅乾的幸福吧！

本書中，不論糖霜餅乾或冰箱餅乾所使用的
基礎麵糰，都是由此麵糰所衍伸出來的哦！

糖霜餅乾做法

請依照以下基礎餅乾麵糰配方多加20g麵粉製作後，將麵糰桿成適當厚度的麵皮，再以各種餅乾模壓出形狀，放入預熱180度的烤箱烘烤約15～20分鐘，烤至餅乾熟透放涼即可開始繪製糖霜餅乾囉！

冰箱餅乾做法

請依照以下的基礎餅乾麵糰方式製作後，參照冰箱餅乾單元內各種造型需要的麵糰重量與調色比例，揉勻均色後，即可開始製作可愛的冰箱餅乾囉！

基礎餅乾麵糰材料

無鹽奶油 70g
糖粉 50g
室溫雞蛋半顆（約 25g）
香草精 1/2 小匙
泡打粉 1/2 小匙
低筋麵粉 130g
奶粉 10g

製作總重量約 270g

PS：夏天因為天氣炎熱，奶油融化很快，很容易造成麵糰太濕黏，所以建議在冷氣房中製作。

STEP BY STEP

01

先將奶油置於室溫中軟化後，再加入糖粉。

02

將軟化的奶油與糖粉用打蛋器攪勻成鬆發狀（顏色會變淡黃色）。

03

接著，把打散的蛋液分 2 ～ 3 次加入攪拌均勻。

04

再把香草精加入攪拌均勻。

05

將奶粉、低筋麵粉跟泡打粉一起過篩加入奶油糊中，如果沒有奶粉，可使用等量的低筋麵粉或生杏仁粉代替。

06

然後用橡皮刮刀拌勻就好，千萬不可過度攪拌，不然餅乾就會不酥哦！

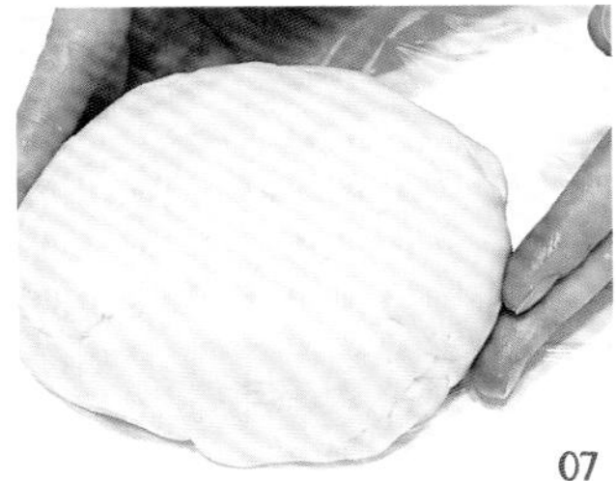

07

從鋼盆中取出麵糰後，稍微揉勻餅乾麵糰即可停手（麵糰千萬不可過度揉製，否則出筋後的麵糰口感會變差哦！）。

08

將製作完成的麵糰包覆上保鮮膜，至少冷藏 1 小時，稍稍鬆弛且質地變得較堅硬後即可使用。

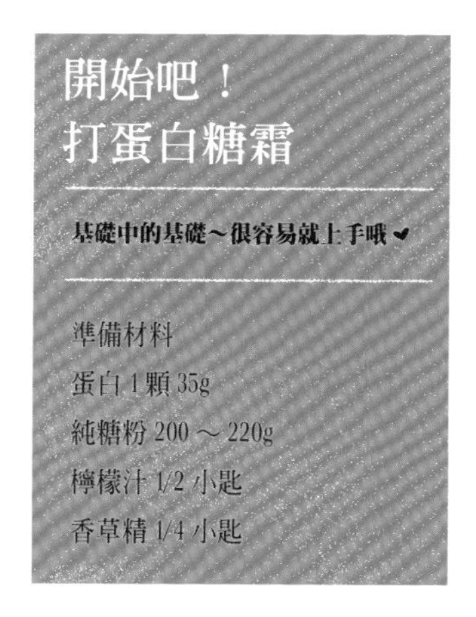

開始吧！打蛋白糖霜

基礎中的基礎～很容易就上手哦❤

準備材料

蛋白 1 顆 35g

純糖粉 200 ～ 220g

檸檬汁 1/2 小匙

香草精 1/4 小匙

小本的建議

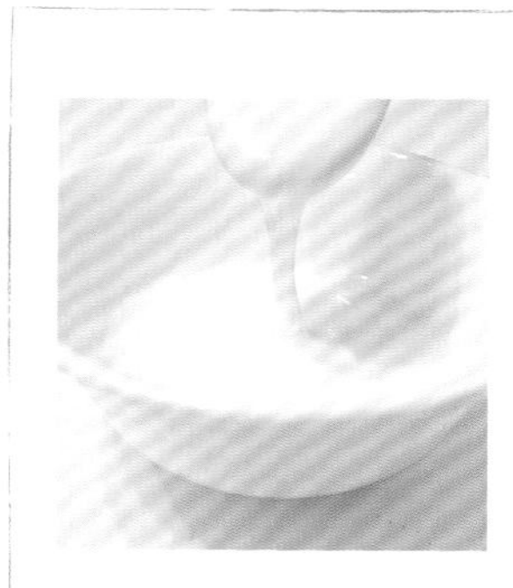

「如果想要軟一點的糖霜畫大面積，可以用冷開水一小匙一小匙地調，慢慢攪拌，調出濃湯般稠稠的感覺～」

另外，新鮮蛋白可改用乾燥蛋白粉替代，有關乾燥蛋白粉使用比例，需依各廠牌所附的配方表自行調配。

STEP BY STEP

先將糖粉過篩，抖一抖……把結塊的顆粒都篩掉。

加入蛋白與檸檬汁後，用刮刀攪拌。

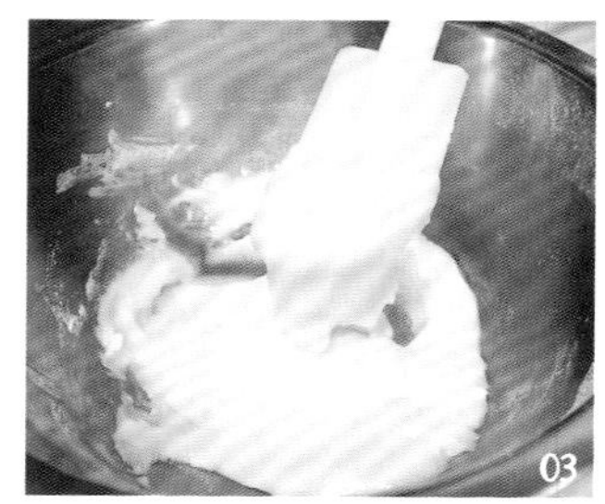

一開始攪拌的時候，蛋白看起來會有點透明，而且沒什麼彈性。

用刮刀拌 1 ～ 2 分鐘後，等糖霜變白，而且帶有彈性，就可以停止攪拌了。

最後加入香草精，把蛋白的蛋腥味去掉，糖霜會更香更好吃！

可以用來畫框或寫字的硬糖霜就完成囉！

糖霜的基本畫法

STEP BY STEP

先畫框線，是為了不讓圖案變形哦！把糖霜都畫好後，又描一次框線，是為了加強立體感。

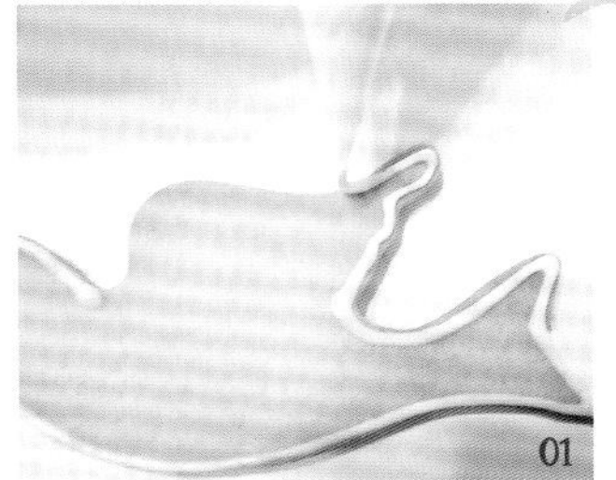

01 糖霜裝進袋子裡，尖端剪 2mm ～ 3mm 小孔，沿著餅乾邊邊畫出框線。

02 等框線都乾了，用比較稀的糖霜把框裡面都填滿。

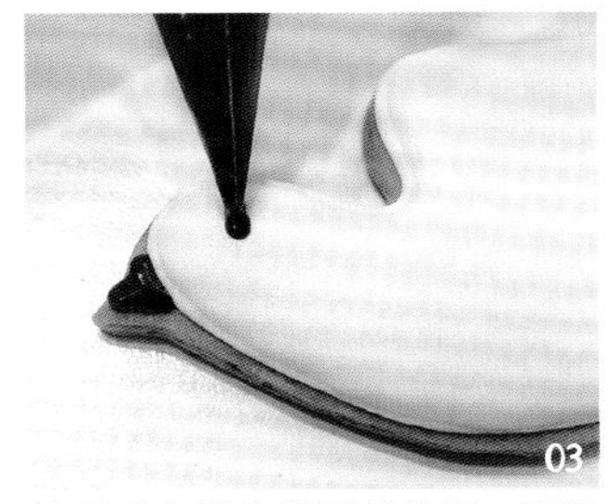

03 等剛剛畫好的糖霜都乾了，再點上眼睛等等比較細的表情，可愛的餅乾就完成囉！

糖霜是怎麼調色的？

STEP BY STEP

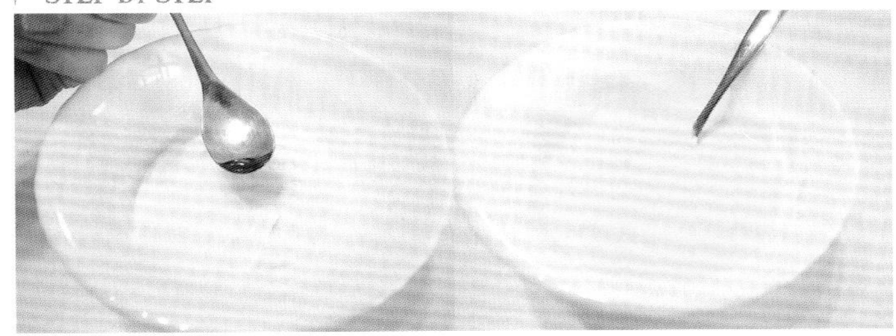

拿出打好的蛋白糖霜，用小湯匙沾一點色膏，先攪拌均勻，不夠鮮豔的話，再一點一點地做調整，或用牙籤沾一點色膏加進糖霜裡，慢慢攪拌、調勻。

用牙籤慢慢調色，不可以操之過急！

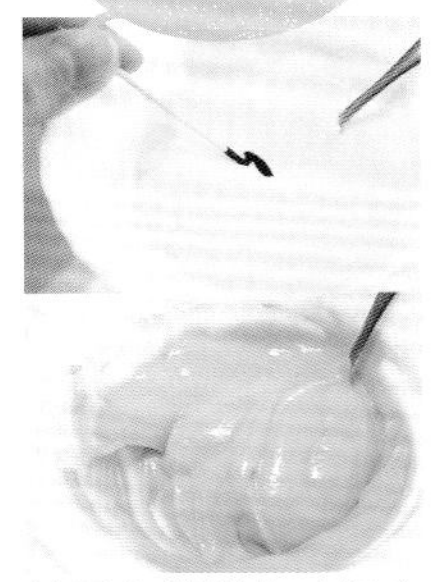

糖霜在攪拌的時候會有小氣泡，建議先包上保鮮膜，等氣泡消失後再使用。

重要！糖霜的保存

STEP BY STEP

打好或調好色的蛋白糖霜蓋上保鮮膜之後，放在冰箱裡面保存，要在兩三天內用完哦！

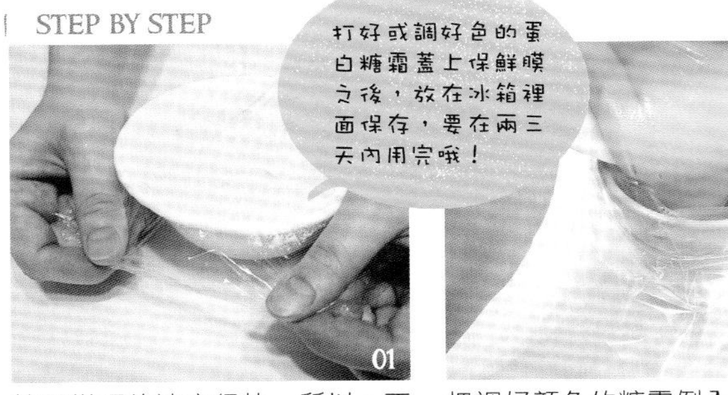

01 糖霜變硬的速度很快，所以，不管是稀或濃，糖霜做好後都要隨時蓋上保鮮膜，不然乾掉的話就不能拿來畫餅乾囉！

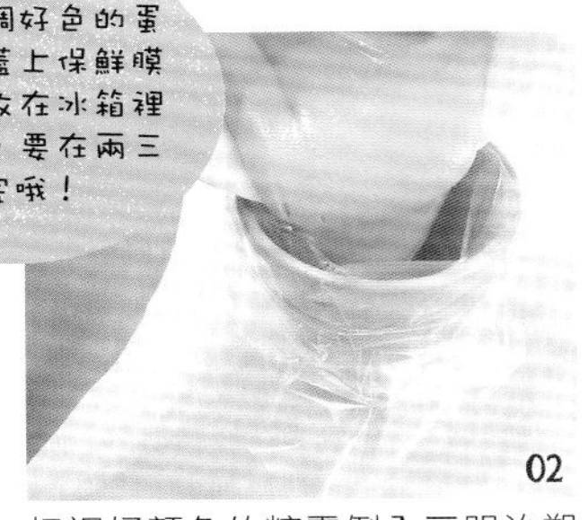

02 把調好顏色的糖霜倒入三明治塑膠袋裡面。

03 把三明治塑膠袋綁緊，要用的時候在尖端剪個小洞（剪越大洞，線條越粗）。

小本的
可愛烘焙祕訣

不斷實驗又實驗～找出好用的小祕訣
希望可以幫助到大家哦！

使用食品專用的烤盤紙接觸麵糰，就不用擔心紙上有螢光劑與油墨筆跡轉移的問題囉！

DIY切割麵皮的方法

STEP BY STEP

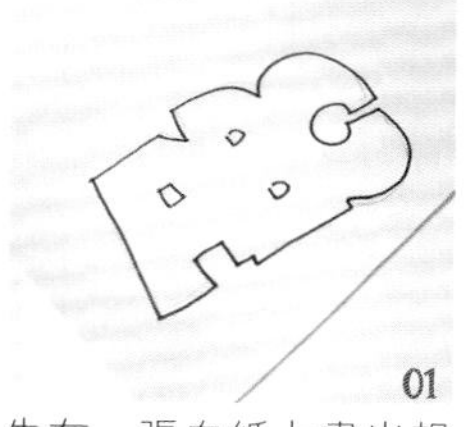

01 先在一張白紙上畫出想要的圖案。

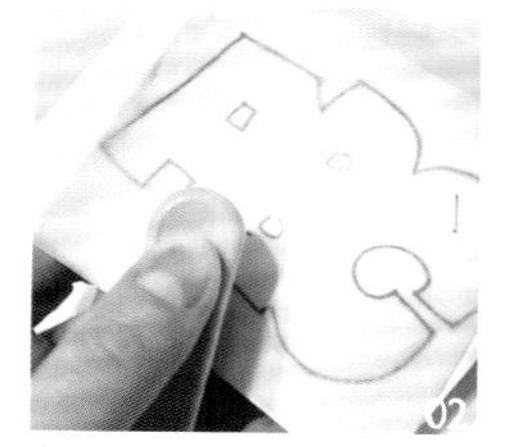

02 在草圖上放一張烤盤紙或饅頭紙，用訂書機把白紙和烤盤紙固定。

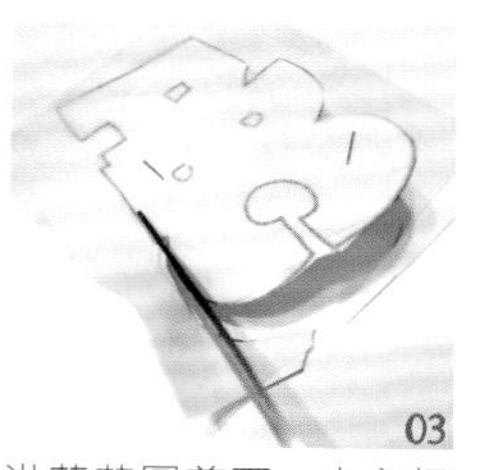

03 沿著草圖剪下，小心把釘書針拿下來，注意不要被刺傷囉！

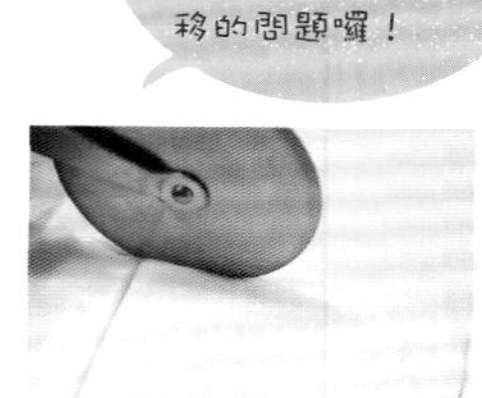

04 將剪好的紙型放在桿好的麵皮上，就可以用滾刀或小刀進行切割。

桿出平整麵皮的訣竅

桿出本書中常用到如15cmX7cm或15cmX14cm等寬度麵皮的好方法。

STEP BY STEP

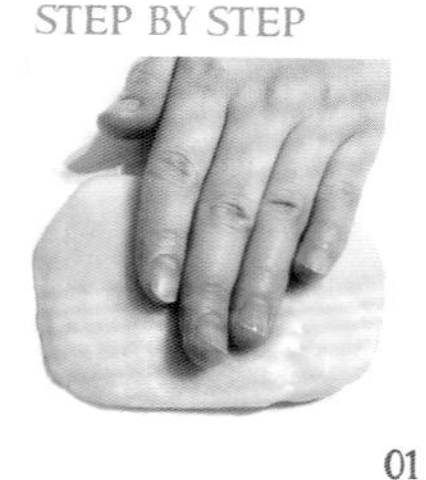

01 桌上先鋪一張保鮮膜，把做好的麵糰放到中間。把麵糰壓扁一點點。

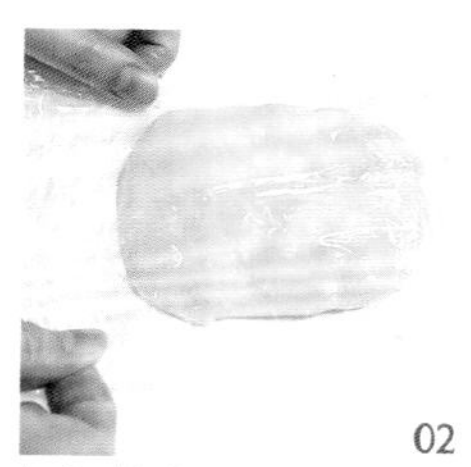

02 把保鮮膜折成需要的大小。

03 用桿麵棍把麵糰均勻的向四周推開。

04 最後，整齊的方形麵皮就完成囉！

餅乾造型先準備

利用現有的餅乾模做出別出心裁的糖霜餅乾，也可以發揮想像力，用組合或切割的變化，做出與衆不同的糖霜餅乾哦！

STEP BY STEP

01 麵糰鬆弛後，在桌面上撒些高筋麵粉，以免麵糰黏黏的，再用桿麵棍桿成約 0.5 公分厚的麵皮。

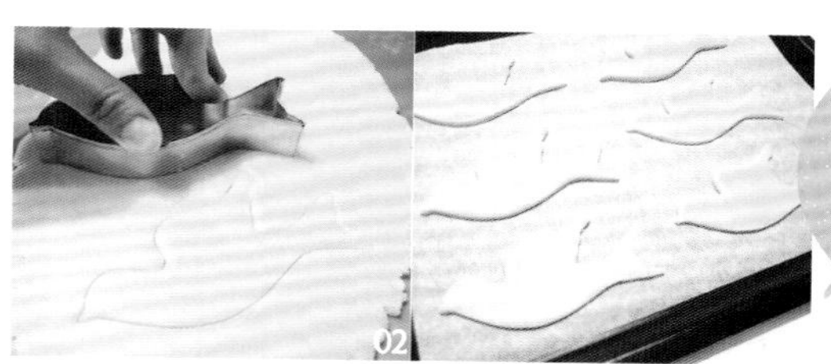

02 用餅乾壓模壓出造型，再移到烤盤裡面，烤約 20～25 分鐘後放 15～30 分鐘，等餅乾變涼了之後，就可以開始準備畫糖霜囉！

進烤箱前，記得先用 180 度預熱 10 分鐘哦！

蛋黃液怎麼做

因為是用生蛋黃，所以一定要先在冰箱餅乾上畫好表情，再放進烤箱裡面烤哦！

STEP BY STEP

01

先把蛋黃打散，攪拌均勻。

02

加入竹炭粉。

03

把竹炭粉和蛋黃調均勻之後，就可以用了。

竹炭粉非常黑喲，小心沾到牆壁或是其他不好清理的地方。

做紙模的好方法

如果做糕點時，需要用到一些手邊沒有的工具，不妨DIY吧！用完就可以丟棄，不但方便又省錢，是家庭煮婦的私家祕訣。

STEP BY STEP

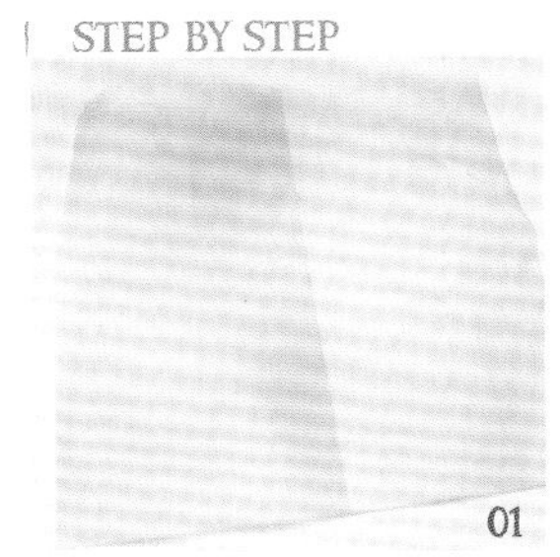

01

先把烤盤紙平均折成四等份。

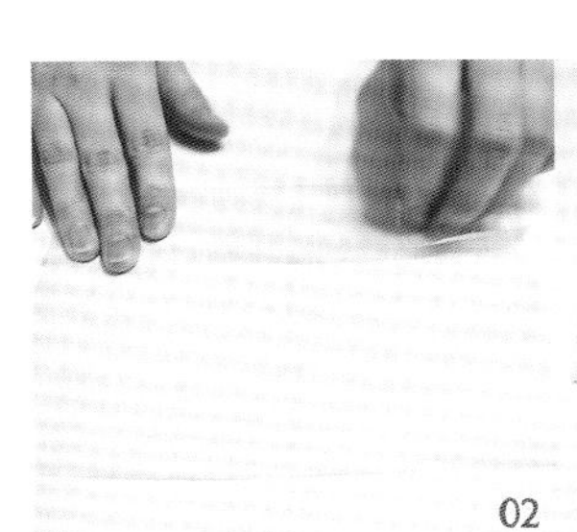

02

然後，把兩邊再往中間線對折。

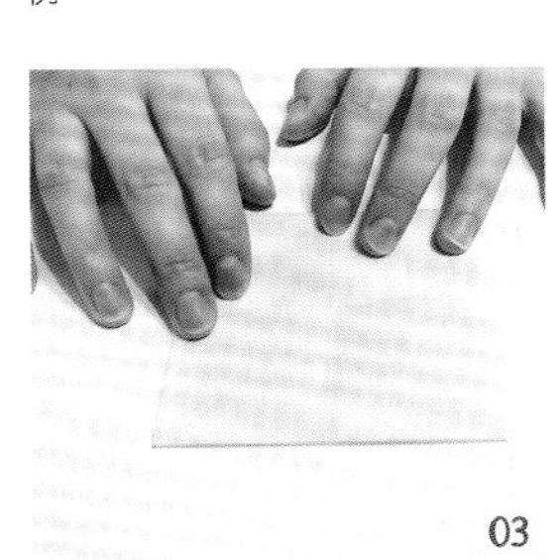

03

把紙轉 90 度，再把另外兩邊往中間對折。

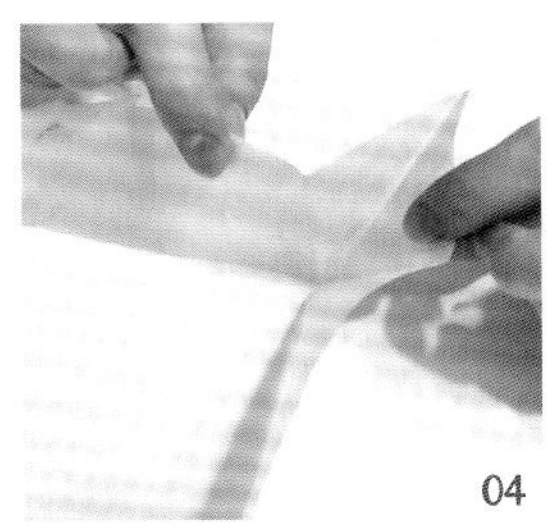

04

打開之後，沿著壓痕將四個邊往內折，再用訂書機固定。

05

簡單的正方形紙模就完成了！

PART I
簡單就可愛！

還記得第一次選擇做糖霜餅乾，
是因為小本家裡的店
正好在辦跨年活動，
很想製作些手工甜點當贈禮，
那個時候，
是跨兔年的農曆新年，
小本畫了一堆可愛的小兔子，
沒想到當天大受歡迎耶！
也因此，
覺得超有成就感的～
慢慢的，
也對糖霜餅乾產生極大的興趣了！

跟著小本一起做
糖霜造型

我們這一家

用圓形烤模做變化

其實，圓形超容易做造型的～
點上一對小眼睛，
再加上一個微笑，
就是一張可愛的笑臉了耶！

小男孩

糖霜顏色

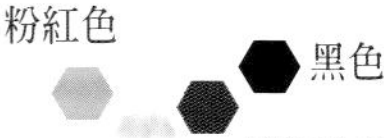

STEP BY STEP

01 先用咖啡色糖霜畫出頭髮的框，趁糖霜還沒乾，把裡面塗滿。

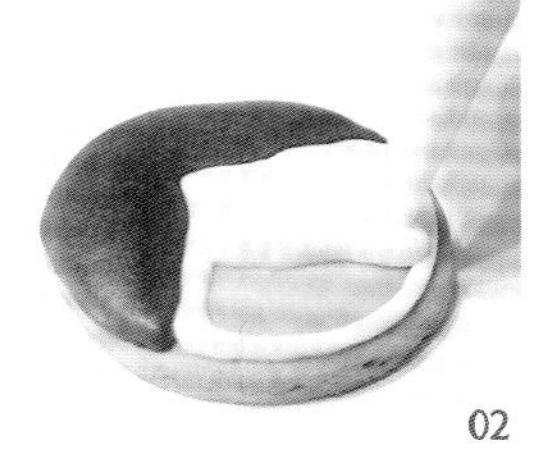

02 等頭髮全乾，用膚色糖霜畫出臉部的框框，快速塗滿。

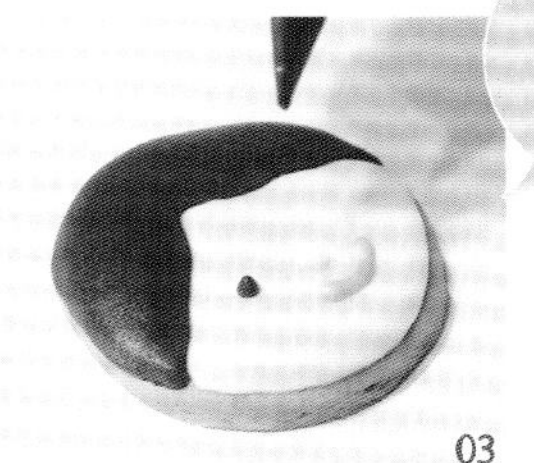

03 等臉部的糖霜都乾了，用黑色點上眼睛、膚色點出小鼻子，最後用粉紅色勾出一個可愛的微笑，小男孩就完成囉！

畫糖霜時，先把邊邊的框畫出來，再趁糖霜還沒乾時，把裡面填滿，才不會變形哦！

小女孩

糖霜顏色

STEP BY STEP

01 先用黃色畫出頭髮的框，趁糖霜還沒乾，快速把裡面填滿。

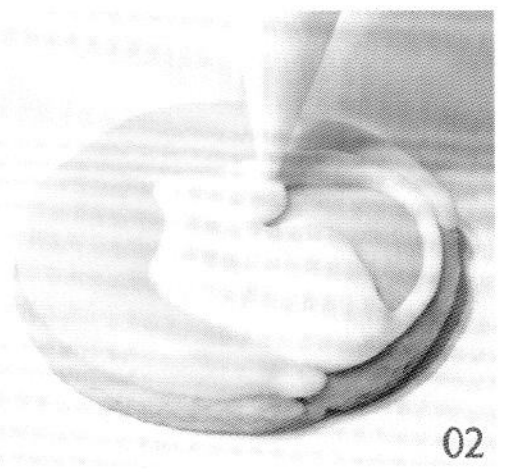

02 等頭髮都乾了，用膚色畫出臉上的框後，快速塗滿。

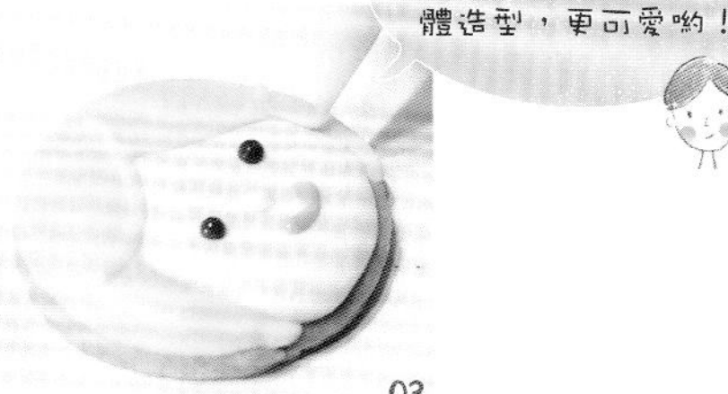

03 等臉部的糖霜都乾了，用黑色點上眼睛、膚色點出小鼻子，最後用粉紅色勾出一個俏麗的微笑，小女孩就完成囉！

小BABY

糖霜顏色

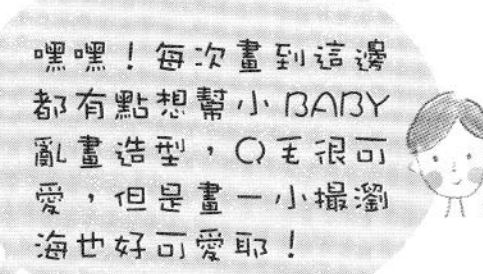

STEP BY STEP

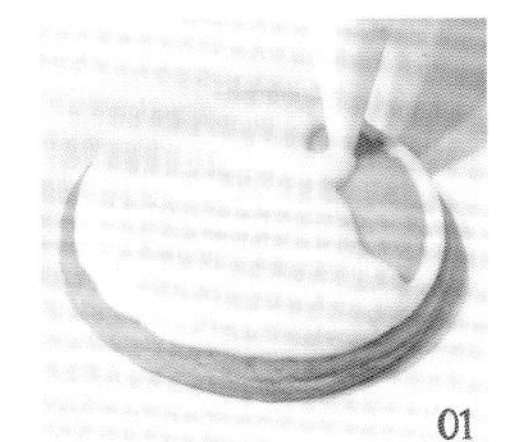

01 先用膚色畫出圓框，再一口氣把圓框裡面塗滿！

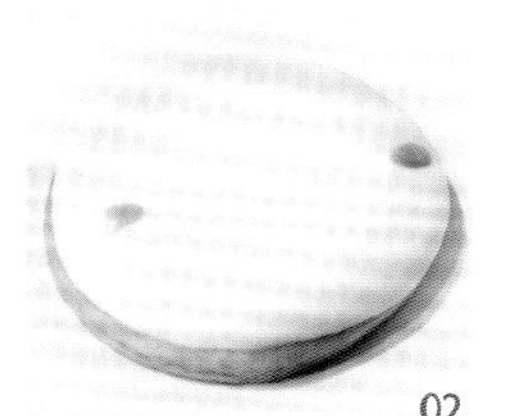

02 快快～趁膚色糖霜還沒乾，用桃紅色在兩頰點上好氣色。

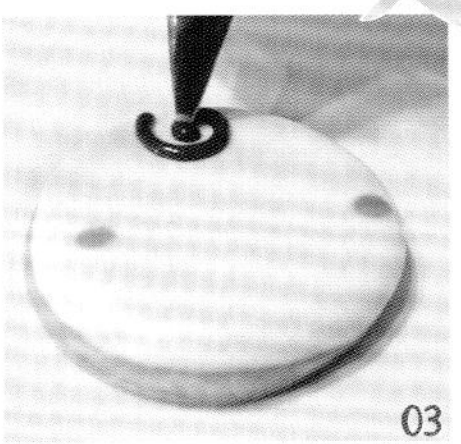

03 等臉上的糖霜都乾了，用咖啡色畫上小Q毛～嘻！

04 點上眼睛、鼻子和粉紅色微笑，等全部都乾就完成了！

可愛動物園

看！用同一個小熊模，
就能畫很多種動物的造型，
只要壓一個餅乾模就好了，
嘿嘿！是不是很簡單啊！

用一個小熊模畫 6 個造型

無尾熊

糖霜顏色

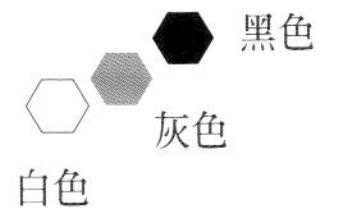

STEP BY STEP

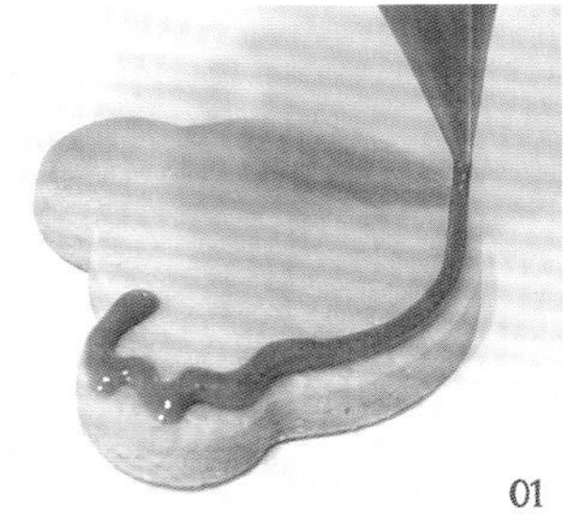

01

用灰色糖霜仔細把邊邊的框畫好，記得耳朵要畫小鋸齒狀哦～

02

上上下下畫，迅速把灰色框框裡面塗滿。

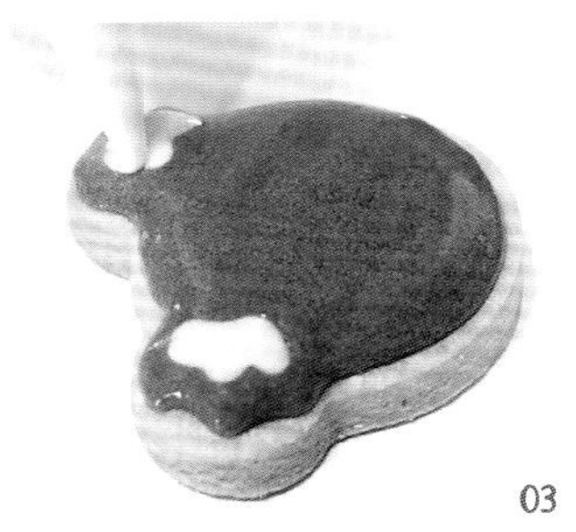

03

快快～趁灰色糖霜還沒乾，用白色把耳朵裡面畫出來。

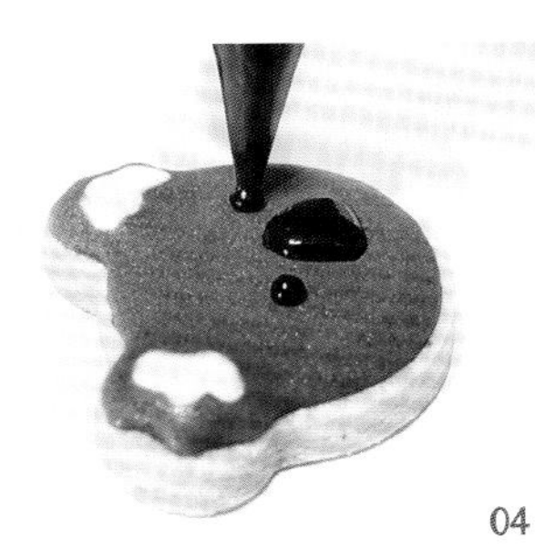

04

等全部都乾了後，用黑色點上眼睛，畫上蒜頭鼻，就完成啦！

就和餅乾烤之前要戳破一樣，如果發現剛畫好的糖霜上有小氣泡，記得用牙籤小心戳破，把餅乾拿起來搖一搖，等糖霜表面平整了之後，再等待乾燥哦！

照著餅乾邊邊
描就可以囉！
超簡單的吧！

青蛙

糖霜顏色

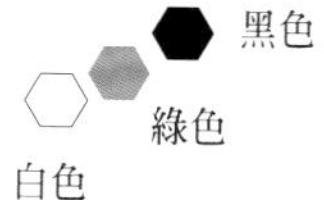

STEP BY STEP

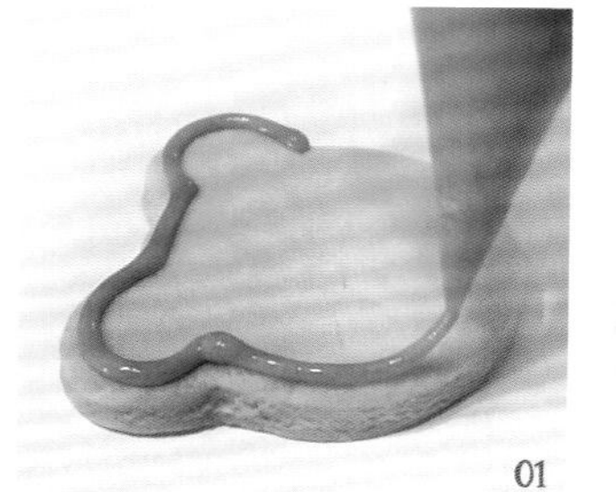

01
用綠色糖霜，把邊邊的框畫好。

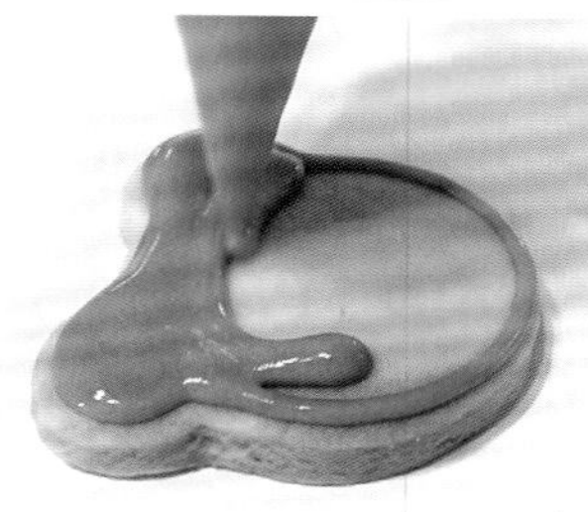

02
上下左右的方向都可以，總之～把綠色塗滿吧！

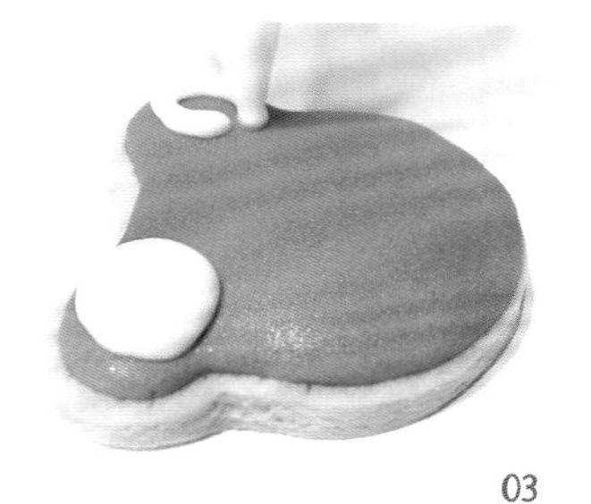

03
等綠臉乾了，用白色糖霜把大大凸凸的白眼球畫出來。

04
最後用黑色糖霜點上黑眼球，畫一個微笑就可以囉！

熊貓

糖霜顏色

STEP BY STEP

01
用白色糖霜把臉的地方都塗滿，記得要先畫框哦！耳朵等最後再畫……

02
趁白色糖霜還沒乾，用黑色糖霜把垂垂眼與小鼻子畫出來。

03
等熊貓臉全部乾了之後，再用黑色糖霜把耳朵畫出來就完成了！

記得畫耳朵時，一樣要把框先畫好，耳朵邊邊才會圓滑又平整哦！要是手抖得太厲害，耳朵邊邊可能會像被風吹過，有點皺皺的。

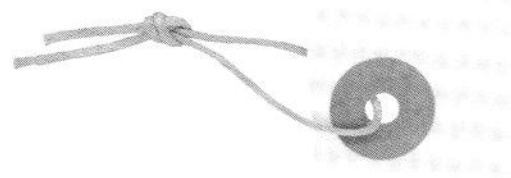

老虎

糖霜顏色

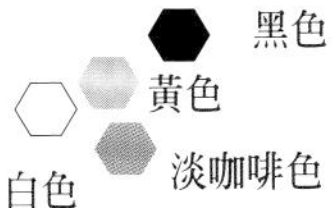

STEP BY STEP

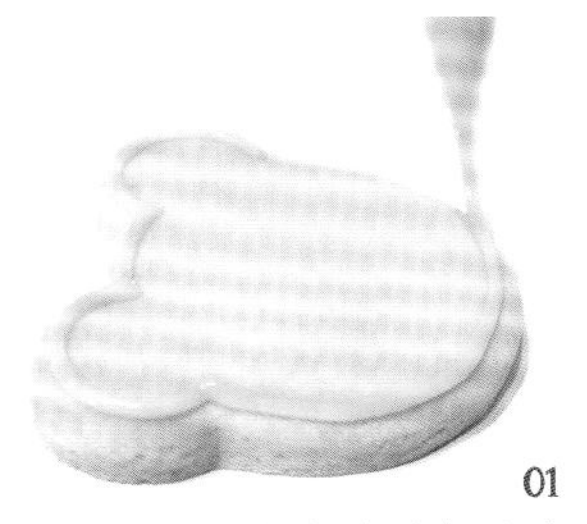

01 用黃色糖霜把老虎的框線畫出來。

02 趕快把老虎的臉塗滿。

用糖霜畫線時，手腕要稍微抬高，用拉的，不要用塗的哦！

03 趁糖霜還沒乾，用淡咖啡色畫出斑紋，再用白色畫半圓形的耳朵內部。

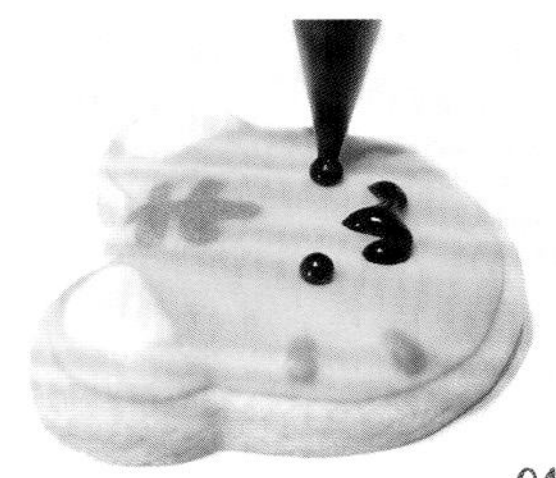

04 等糖霜全部都乾了後，再用黑色點上眼睛，畫出可愛笑臉就完成。

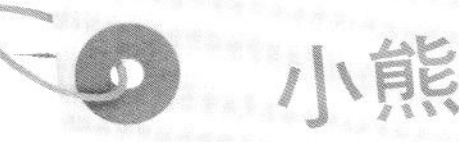

小熊

STEP BY STEP

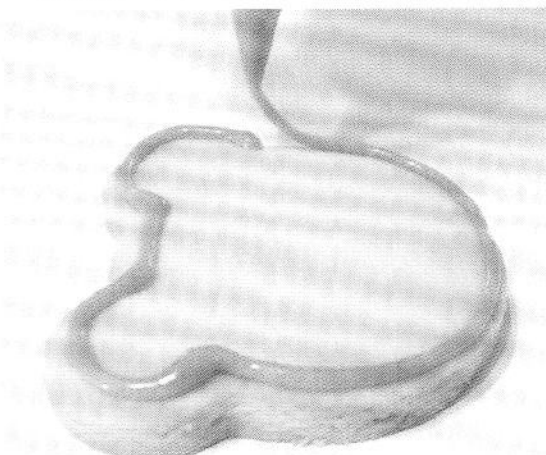

01 用棕色把小熊餅乾的形狀照著描出來。

糖霜顏色

看！耳朵裡面畫半個圓，嘴巴畫個圓，一點都不難吧！

小熊通常是最容易畫，也最受歡迎的可愛定番款♥

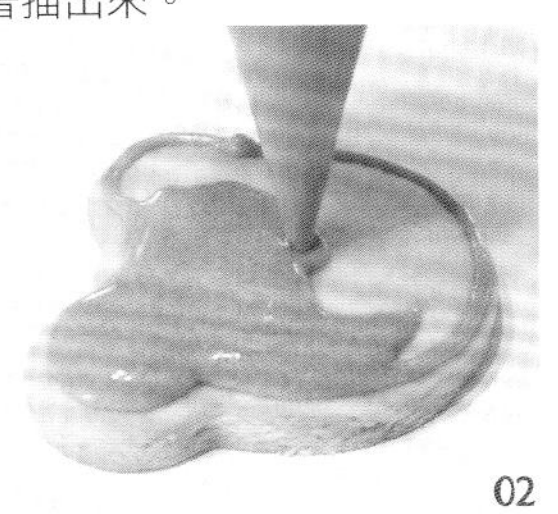

02 在棕色框框還沒乾的時候，趕快把小熊臉填滿。

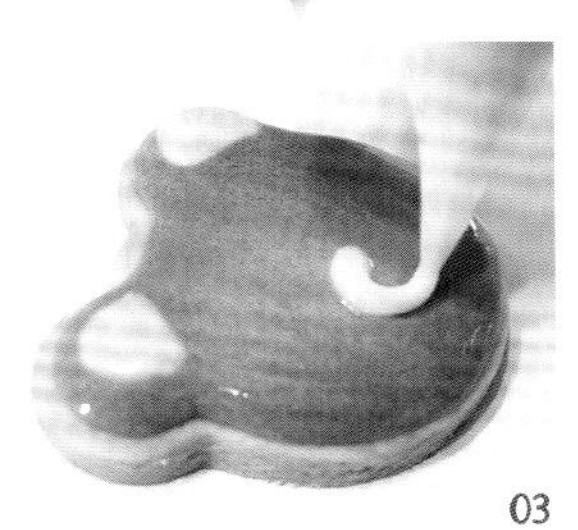

03 緊接著用淡黃色糖霜畫出耳朵內部和嘴巴。

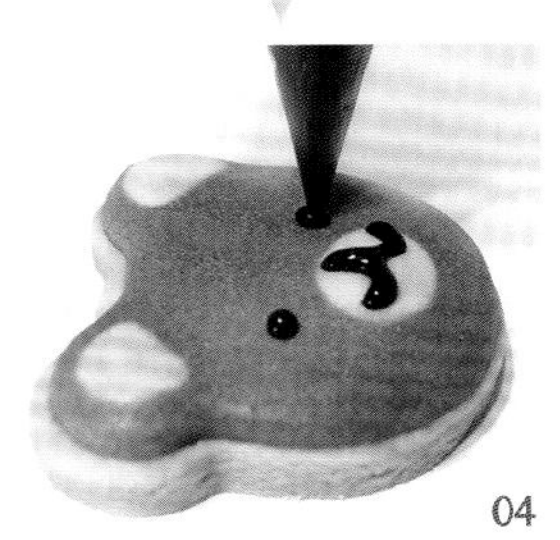

04 等剛剛畫好的糖霜都乾了，用黑色糖霜點上眼睛，畫出小嘴，就 OK 囉！

看！
切開原來餅乾模的造型，
看起來反而更有趣耶！
就算沒有很多餅乾模，
也有很多變化可以玩哦～
用鋸齒狀
餅乾模做
變化！
誰都想咬一口！

夢幻糖果禮物盒

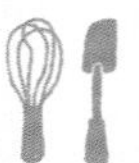

TIPS 在烤餅乾之前，先做好造型哦！

用蘋果、杯子蛋糕、甜甜圈壓模壓出麵糰後，接著以鋸齒壓模在邊緣處切割掉一點麵皮，比例就看大家想要咬大口一點還是小口一點囉！

杯子蛋糕

STEP BY STEP

糖霜顏色

白色

粉紅色

心型彩糖

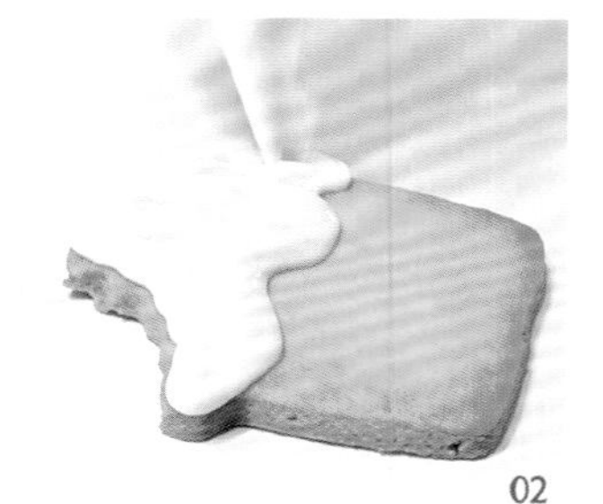

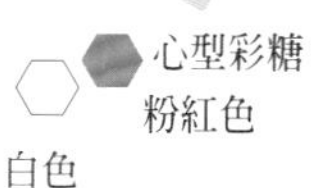

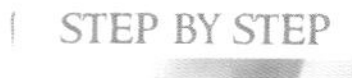

01 用白色糖霜把杯子蛋糕的蛋糕邊框畫好。

02 迅速把蛋糕上半部都塗滿！

03 趁白色糖霜還沒乾，把心形彩糖放在蛋糕頂端。

04 等白色糖霜乾了以後，用粉紅色糖霜畫出杯子的框，再全部塗滿。

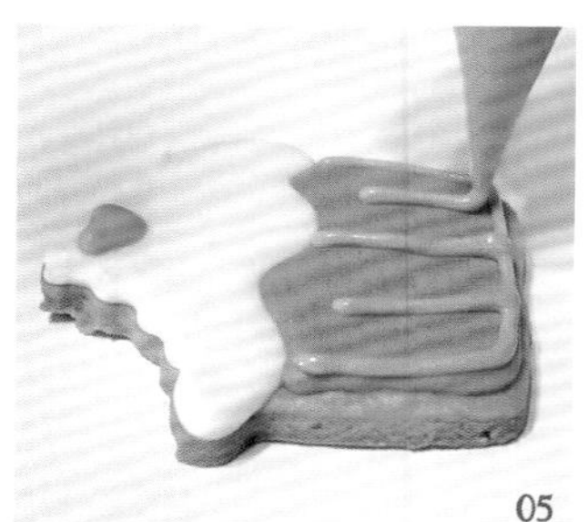

05 確認粉紅色乾了，再用粉色糖霜畫出裝飾的線條，就完成了！

小本超喜歡吃甜甜圈，有時候也會自己做來吃，雖然是超高熱量的炸物，但還是沒辦法抗拒～

甜甜圈

STEP BY STEP

糖霜顏色

黃色　咖啡色

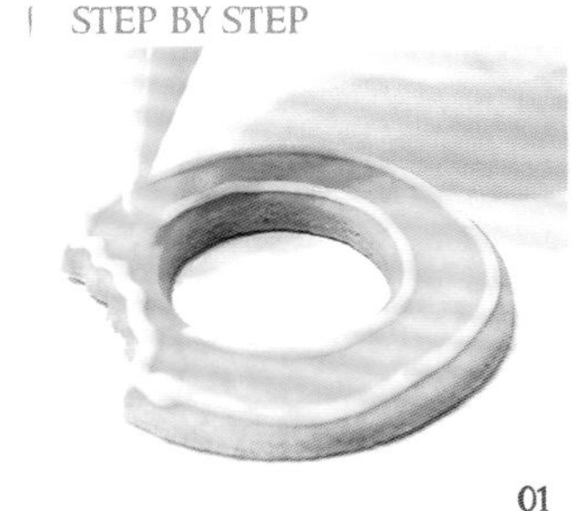

01 先用黃色糖霜畫出甜甜圈的框。

02 趁黃色的框還沒有乾，塗塗塗…把它塗滿。

03 等黃色糖霜都乾了，用咖啡色把巧克力醬的框描好。

03 把剛剛畫好的巧克力醬造型，全部都塗滿。

04 最後，灑上糖粒進行裝飾，等全部乾燥就 OK ！

蘋果

糖霜顏色

紅色　黃色　棕色　淺黃色　綠色　淺綠色

加上跑出來的蟲蟲，或枯黃的葉子……想像出來的蘋果會更有趣，大家一定要試試看！

STEP BY STEP

01 用紅色糖霜上下畫出蘋果皮，然後等它變乾。

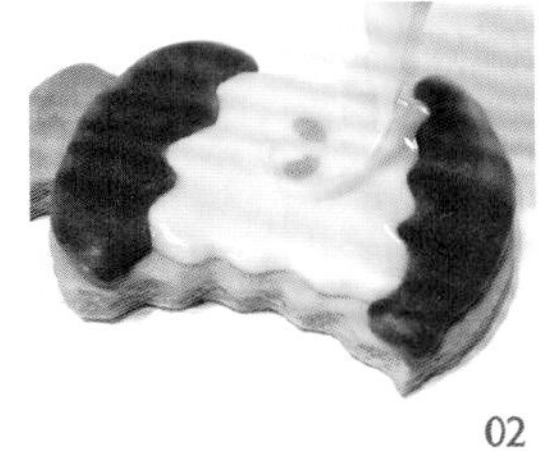

02 用淺黃色畫出蘋果肉，快趁還沒乾，用黃色、棕色把種子的部位畫出來。

03 最後用綠色糖霜把葉子拉框塗滿，等全部都乾了就完成囉！

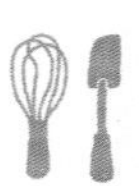 TIPS 在烤餅乾之前，先做好造型哦！

禮物盒

把麵糰桿平之後，用滾刀或菜刀切一塊正方形麵皮。

用小愛心餅乾壓模，在剩下的麵皮上壓出一個愛心。

再用小愛心壓模的下半部，在正方形麵皮上切掉一些。

看！把小愛心麵皮和切好的正方形麵皮重新組合，就是禮物盒了哦！

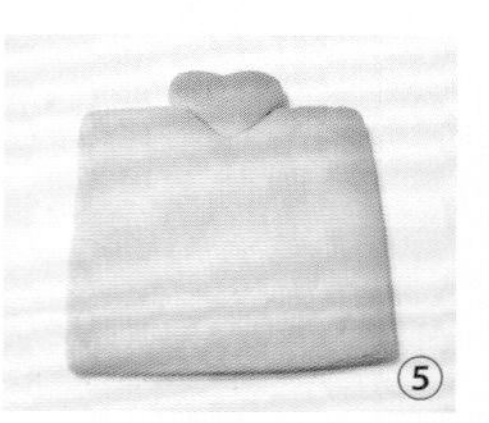

最後，把禮物盒餅乾放入烤箱，烤完後，把餅乾放涼再開始畫。

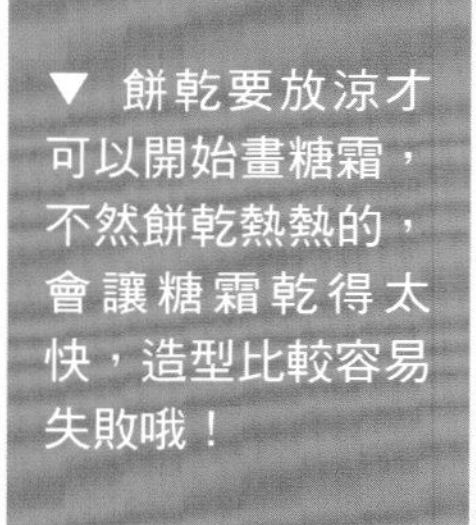

▼ 餅乾要放涼才可以開始畫糖霜，不然餅乾熱熱的，會讓糖霜乾得太快，造型比較容易失敗哦！

糖果

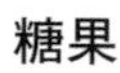

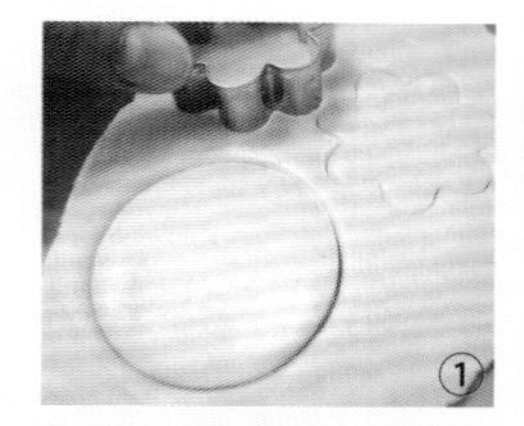

先用餅乾壓模把圓形麵皮和小花麵皮壓出來。

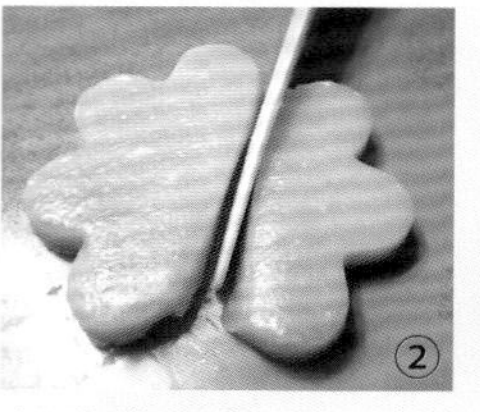

把小花麵皮的三瓣花瓣切下來用。

用兩片三瓣花瓣黏在圓形麵皮兩邊，放入烤箱烤好後，放涼再開始畫。

禮物盒

糖霜顏色

淺藍色

淺黃色
粉紅色

配色的部分，是很自由的哦！大家用自己喜歡的顏色來搭配，看起來會更開心！但也會更捨不得吃就是了 >_<

STEP BY STEP

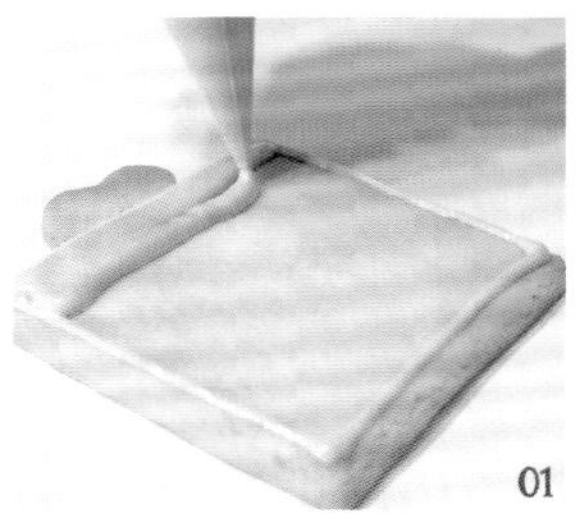

01 用淺藍色糖霜把邊框畫出來後，趁還沒乾，把它塗滿。

02 用粉紅色糖霜裝飾小愛心，要在藍色還沒乾的時候畫哦！

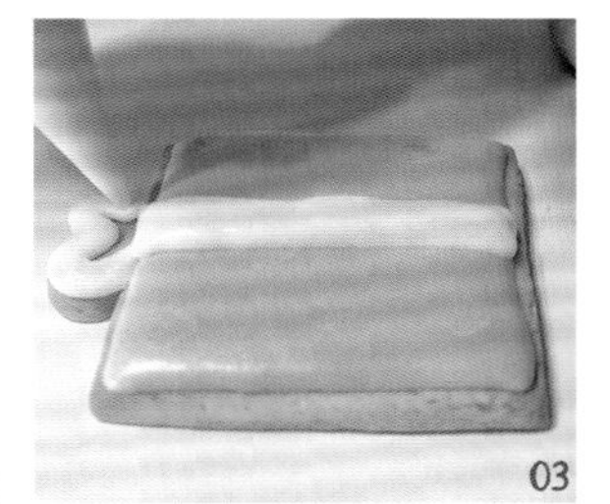

03 等藍色和粉紅色都乾了之後，再用淺黃色把緞帶和蝴蝶結畫上去。

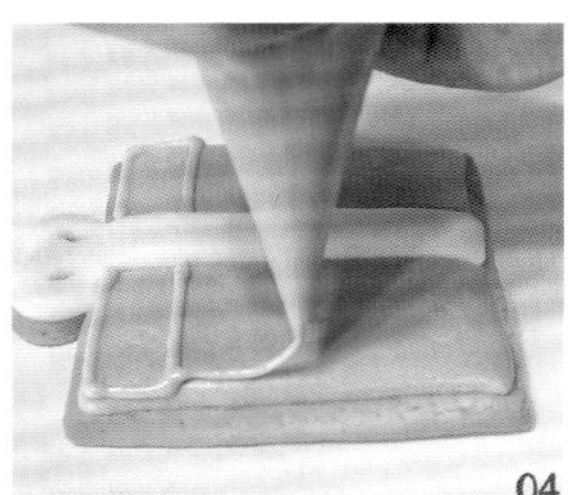

04 等緞帶和蝴蝶結乾了，用淺藍色糖霜描出框線，讓圖形看起來更立體，等全部都乾燥之後，就是超精緻的禮物盒！

糖果

糖霜顏色

白色
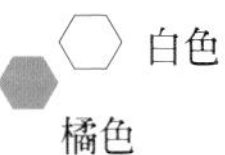
橘色

看！等糖霜全部都乾了之後，再把框線描一次，是不是看起來很有立體3D的感覺啊～

STEP BY STEP

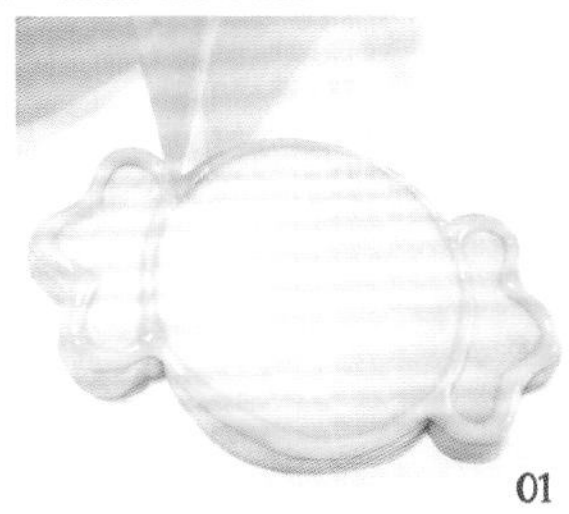

01 用淺橘色糖霜，把所有框線畫出來。

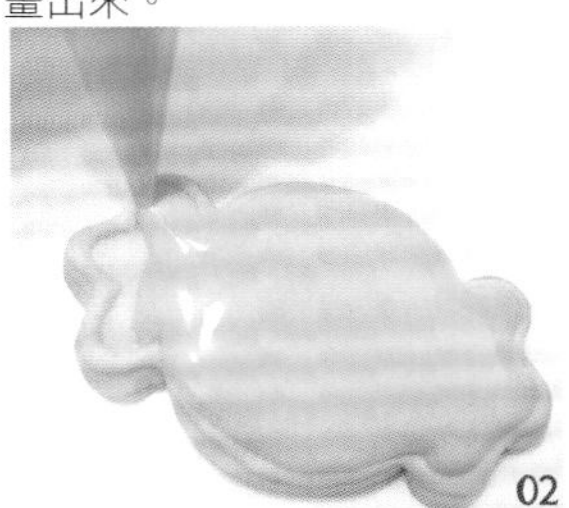

02 注意～這次要等框線乾了後，再把裡面填滿哦！

03 趁橘色糖霜還沒乾，在糖果上裝飾白色點點。

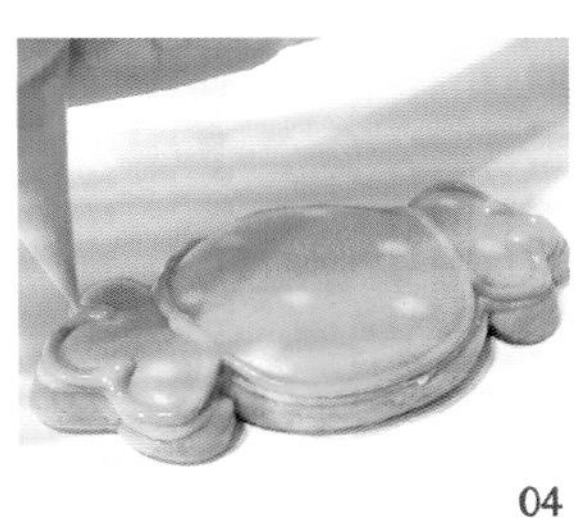

04 等糖霜都乾了，在最上面畫糖果立體框線，最後等全部乾燥就OK囉！

棒棒糖餅乾

可愛的外表，絕對能吸引大家的目光！

只用很簡單的圓形餅乾模，
加上很容易買到的木製冰棒棍，
就能做出大人和小孩都愛的棒棒糖了！
不過～都一樣捨不得吃啦！

TIPS 在烤餅乾之前，先做好造型哦！

將麵糰桿成約0.2～0.3公分厚，用圓形壓模壓出一個個圓形。

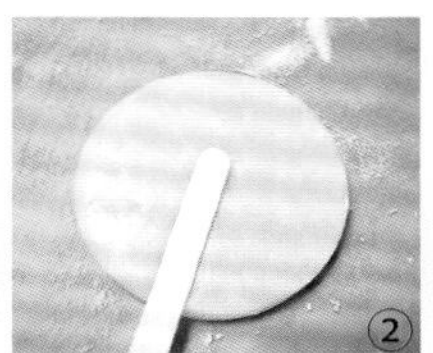

在圓形麵皮上，放一根耐高溫的木製冰棒棍。

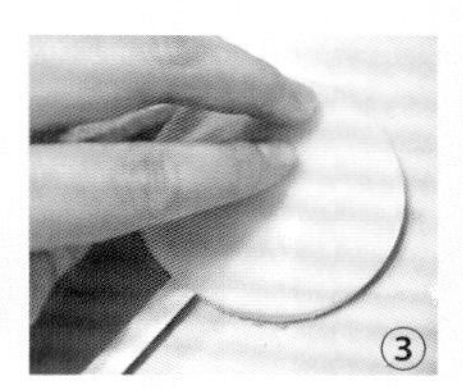

再蓋上另一塊麵皮，壓緊，好好的黏起來。

按照相同的方法，把棒棒糖們一個個黏好，烤熟後，等放涼再開始畫。

棒棒糖

糖霜顏色 白色 藍色 淺黃色
輔助小物 木製冰棒棍

STEP BY STEP

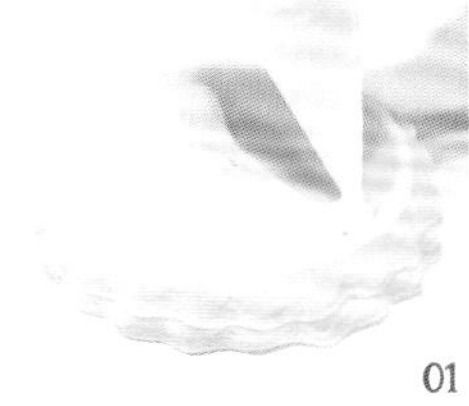

01 先用白色糖霜畫好框，再全部塗滿。

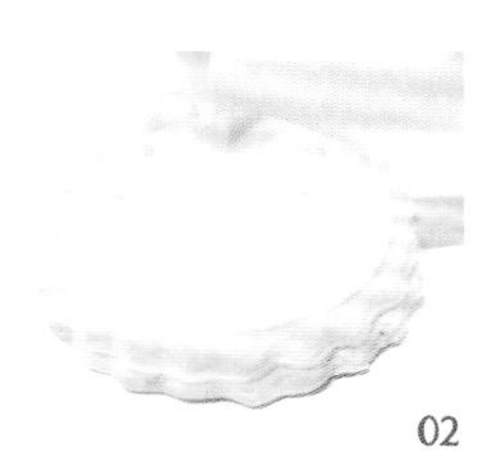

02 趁糖霜還沒有乾，趕快畫上淺黃色點點。

03 等剛剛畫好的糖霜乾了，用淺黃色糖霜把白色圓形旁邊都用點點裝飾一下。

04 用藍色在中間寫上想要的字，等全部都乾了，讓人好捨不得吃的棒棒糖就完成啦！

看這邊，還有另一種畫法哦！

01 用自己喜歡的顏色，把圓形填滿，乾了之後，用白色畫出螺旋線。

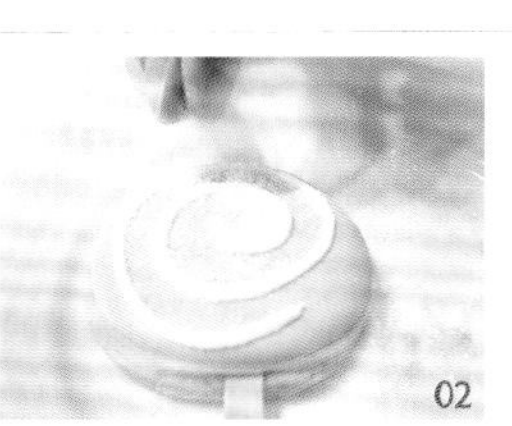

02 趁螺旋線還沒乾，趕快灑上細砂糖，把多餘的糖粒拍掉後，等乾燥就OK囉！

PART 2
華麗的挑戰！

和小本一起畫
更有趣的糖霜餅乾

有時候，
腦袋會莫名其妙地蹦出很多想法，
逛街或上網的時候，
要是看到有趣的小圖，
就會產生很多聯想……
每天的每天，
都在想還有哪些圖案可以畫，
超開心的！

春天的五彩花園

小本最常被詢問，
蝴蝶的翅膀花紋和五瓣小花，
這兩種變化是怎麼做的呢？
其實～
用牙籤和糖霜凝固的時間差，
很簡單就能做出來了喲！

五瓣小花

糖霜顏色

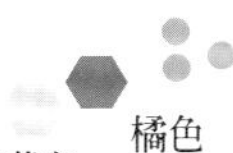

加油！大家要有耐心，好好的等待，就能做出漂亮又平整的糖霜小花！

01

先用淡黃色糖霜把邊邊描好，等10分鐘乾燥。

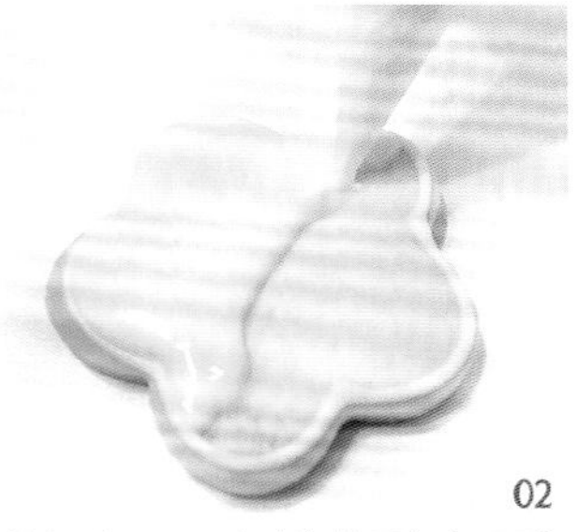

02

乾燥後，用剛剛的糖霜把裡面全部填滿。

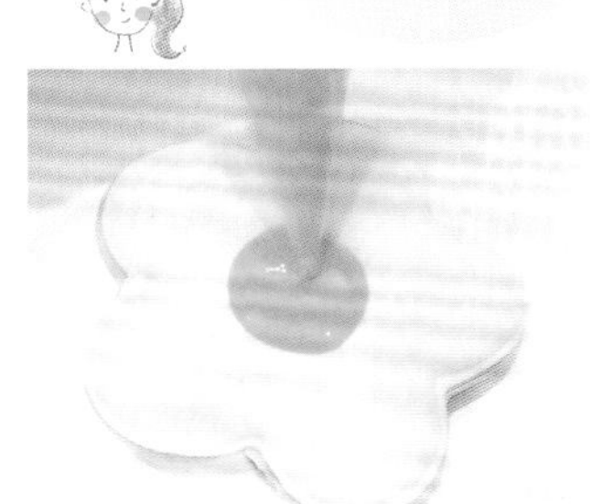

03

等全部乾燥後，用橘色糖霜在中間畫花蕊，繼續等它乾燥。

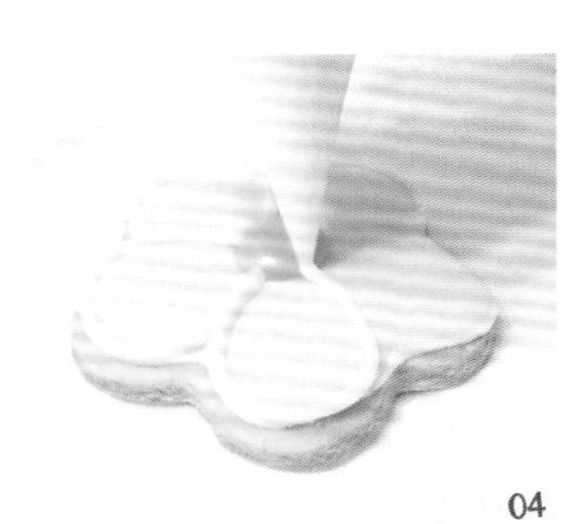

04

等糖霜全部乾了，還是用淡黃色糖霜畫出花瓣紋路。

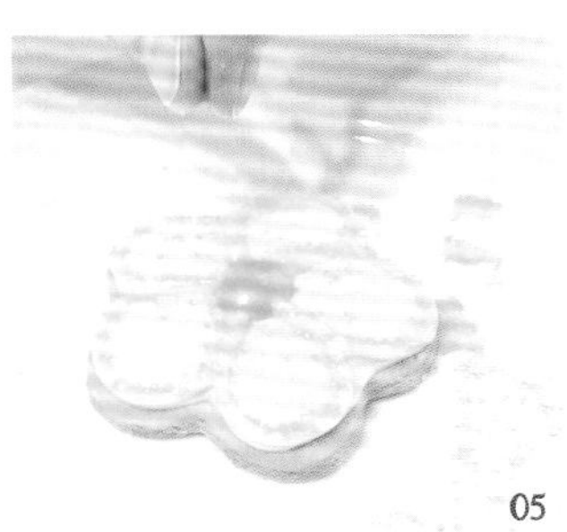

05

最後，趁紋路糖霜還沒有乾，趕快灑上糖粒做裝飾。

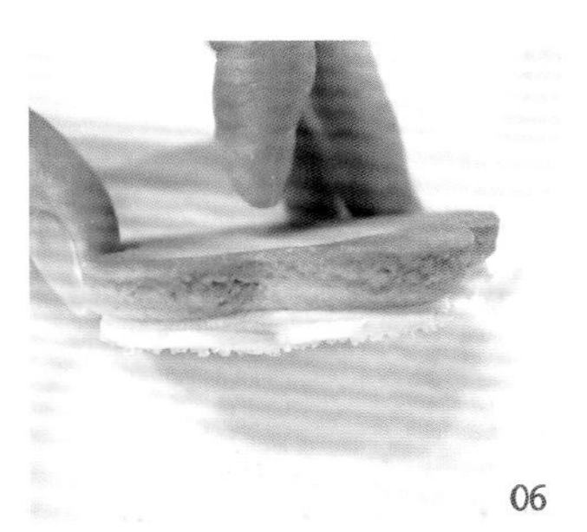

06

等灑好糖粒後，可以翻轉過來，輕拍幾下，讓多餘糖粒掉落，等最後乾燥就完成啦！

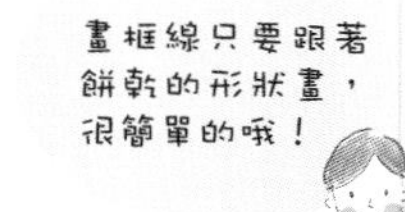

蜜蜂

糖霜顏色

黑色
黃色
白色

STEP BY STEP

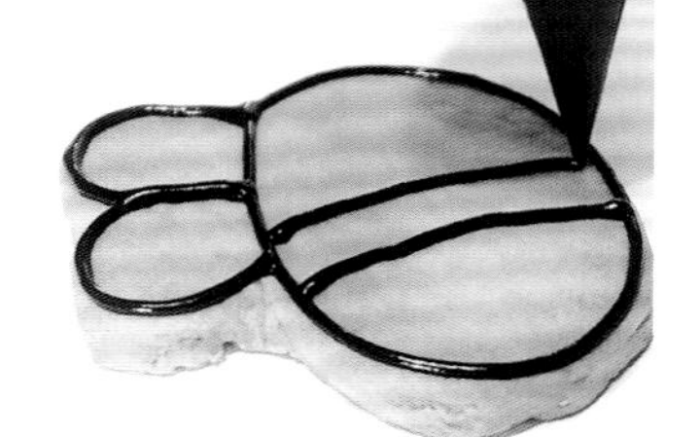

01
先用黑色糖霜把蜜蜂的框線描出來，接著等乾燥。

02
再用黑色把蜜蜂的橫紋填滿，繼續等它乾。

03
然後再用黃色和白色填滿身體跟翅膀。

04
最後，等糖霜表面變硬，再畫上微笑表情就完成！

大家畫表情時盡量發揮創意，真的很有趣哦！

白色雛菊

糖霜顏色

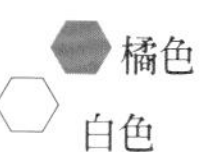

橘色
白色

STEP BY STEP

01
先用橘色糖霜把花蕊畫出來。

02
等花蕊乾了，用白色糖霜畫出花瓣的框線，再度等乾燥。

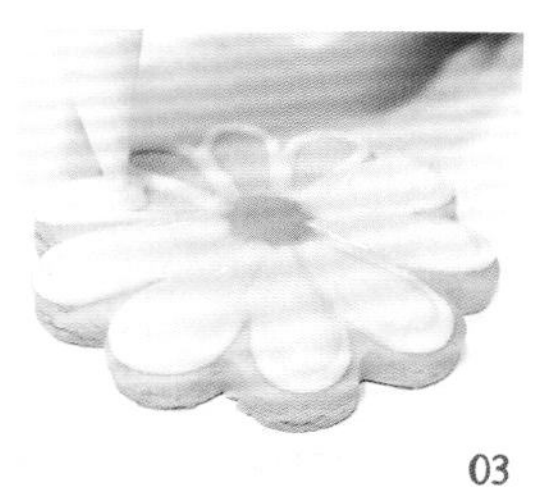

03
最後，用白色糖霜把花瓣填滿，等全部都乾了就 OK 囉！

蝴蝶

糖霜顏色

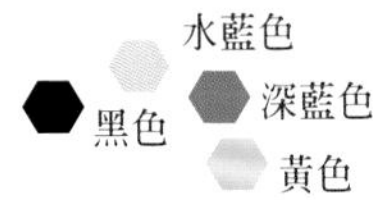

STEP BY STEP

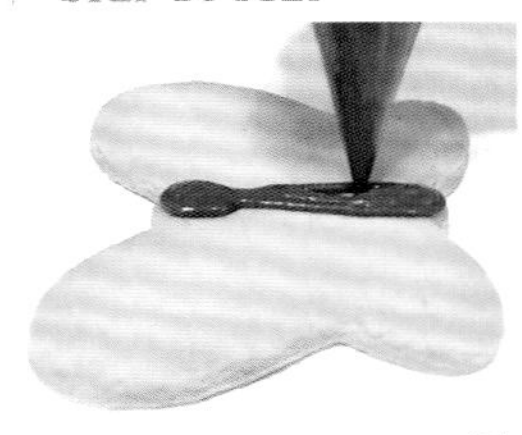

01

先用黑色把蝴蝶的身體畫好，等乾了再繼續畫。

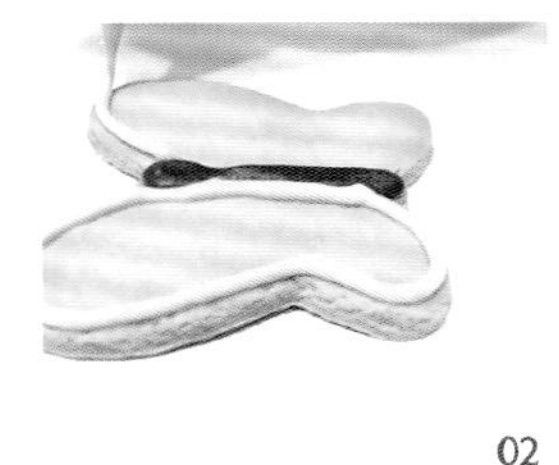

02

用水藍色描出蝴蝶翅膀的框線，靠近身體的地方也要描哦！

03

這次不用等乾燥，就可以用水藍色把翅膀裡面填滿。

04

趁水藍色還沒乾，用黑色、深藍與黃色快速畫好翅膀的紋路。

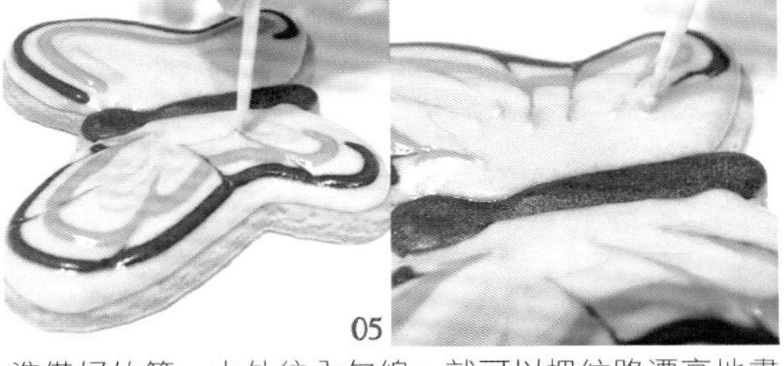

05

準備好竹籤，由外往內勾線，就可以把紋路漂亮地畫出來了！

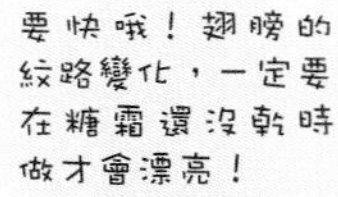

草叢

糖霜顏色

STEP BY STEP

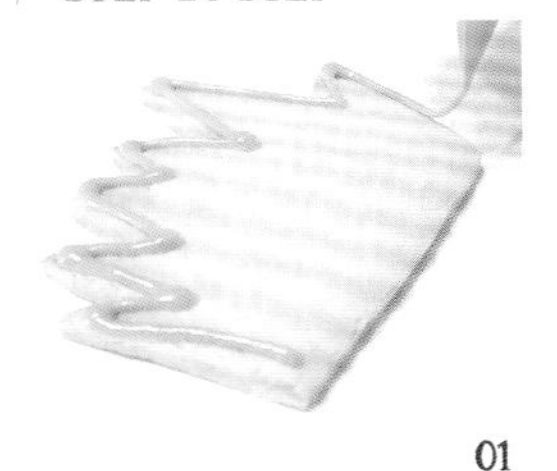

01

用草綠色糖霜把框線畫出來，等框乾了，再把裡面填滿。

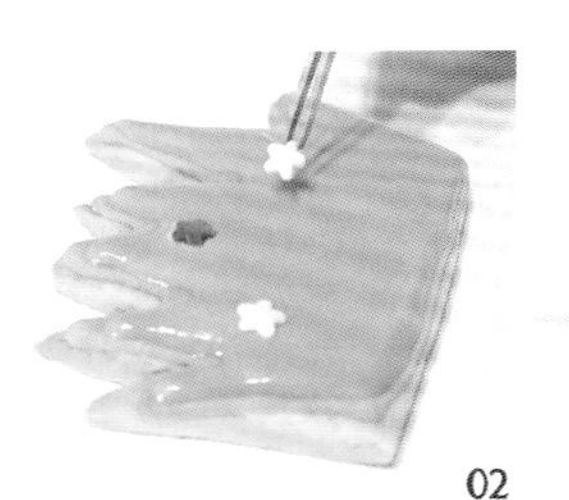

02

趁糖霜還沒乾，把花型彩糖放在喜歡的位置上，等全部乾燥就完成囉！

除了用比較方便的彩糖，也可以在草叢糖霜都乾了之後，用其他顏色的糖霜把小花畫出來！

說到夏天，就會想到海邊，
蔚藍的天空、清澈的海水，
總叫人忍不住換上泳衣，
感受陽光的熱情、大海的沁涼。

夏日海灘樂悠悠

太陽眼鏡

糖霜顏色 黑色 白色

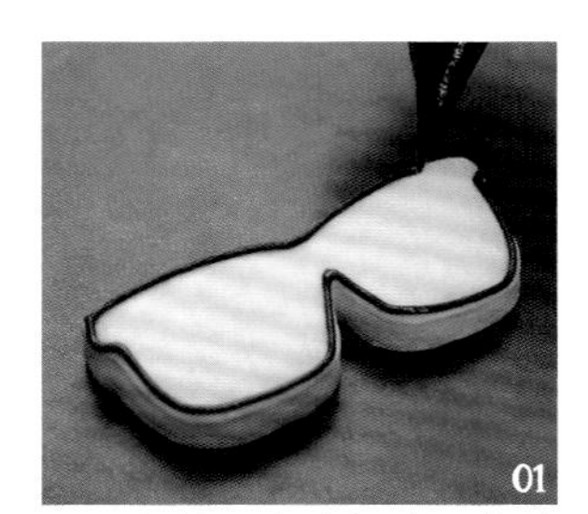

用黑色糖霜畫出框線，等待完全乾燥。

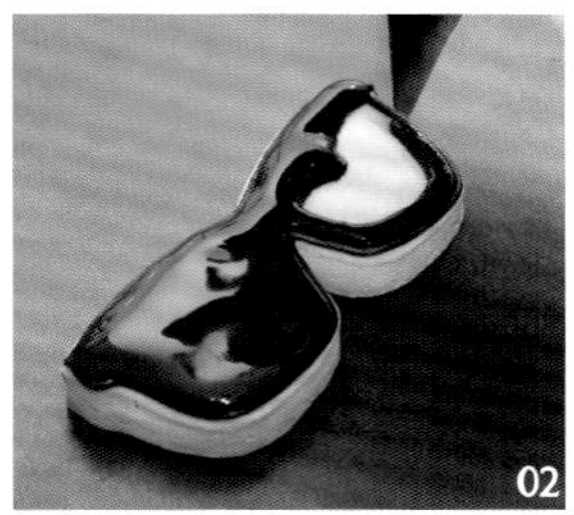

用黑色糖霜填滿底色。

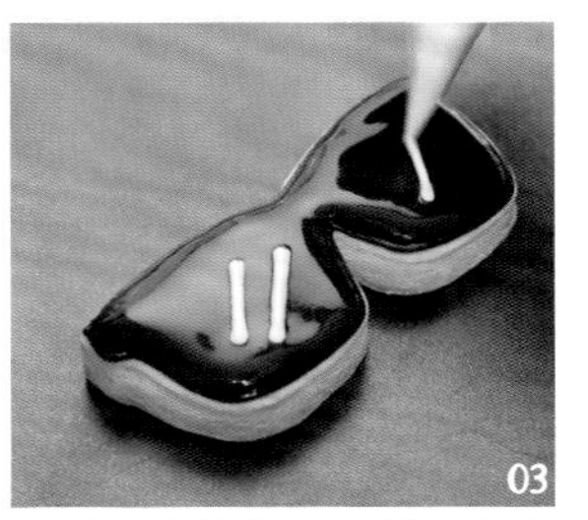

趁糖霜未乾時，趕緊畫上白色反光，等待完全乾燥。

最後用黑色糖霜加強框線，等待乾燥就完成啦！

比基尼

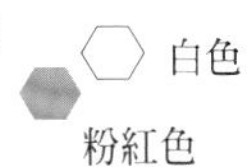

糖霜顏色 白色 粉紅色

STEP BY STEP

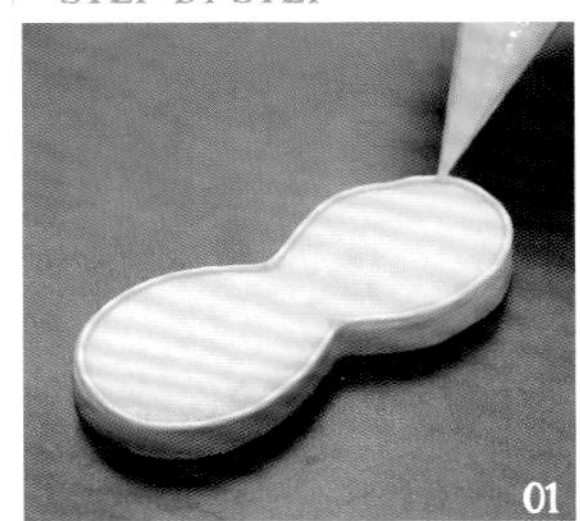

用粉紅色糖霜畫出框線，等待完全乾燥。

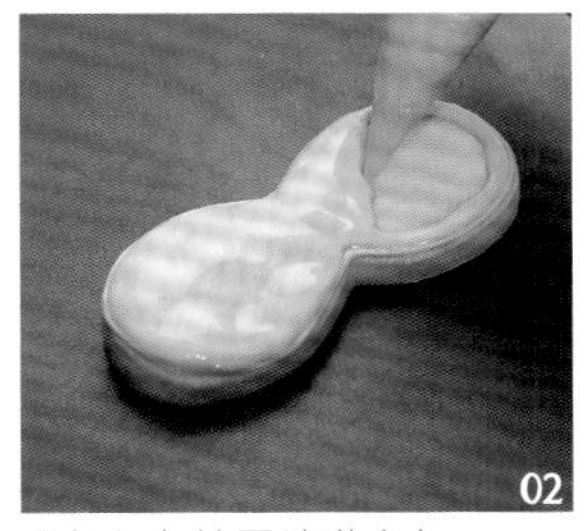

用粉紅色糖霜填滿底色。

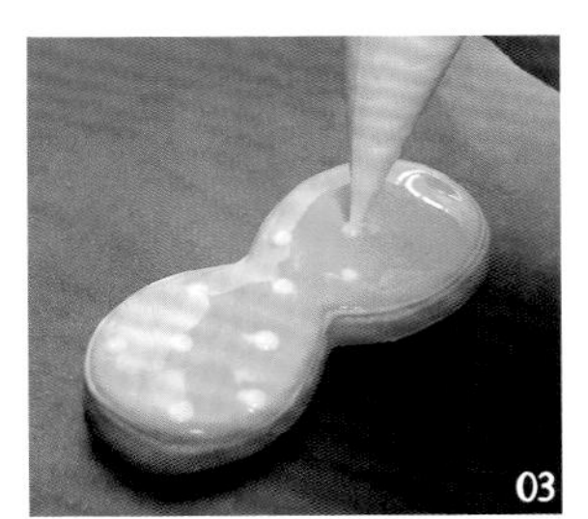

趁糖霜還沒乾，趕緊畫上白色圓點，等待完全乾燥。

用白色糖霜畫上裝飾的線條，等全部乾燥後就 OK ！

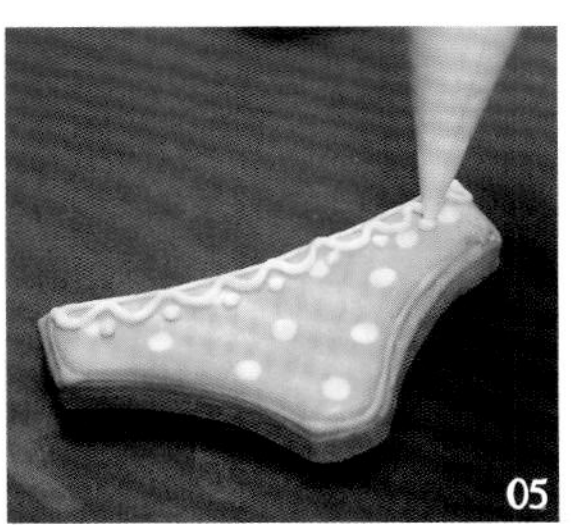

泳褲也依相同做法，畫上裝飾的線條，等全部乾燥後就完成啦！

海灘褲

糖霜顏色

水藍色
白色
藍色
灰色

用白色糖霜畫出框線，等待完全乾燥。

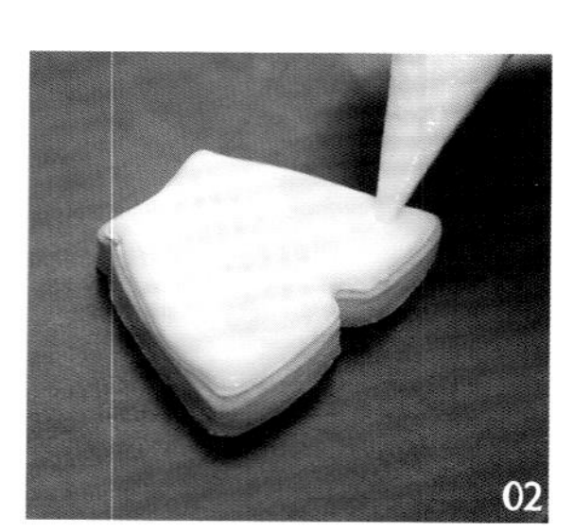

用白色糖霜填滿底色。

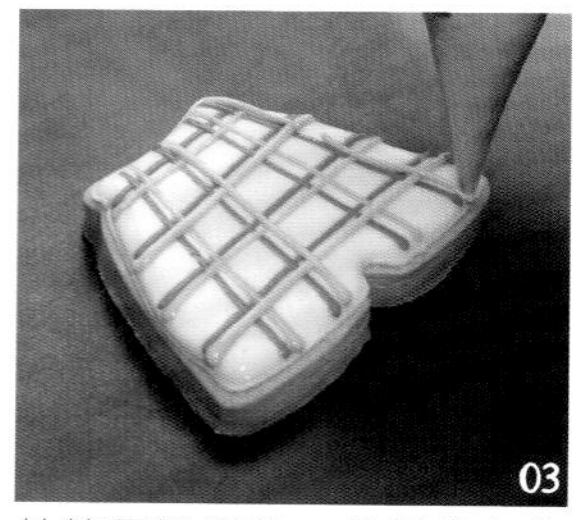

趁糖霜還沒乾，趕緊畫上格子線條，等待完全乾燥。

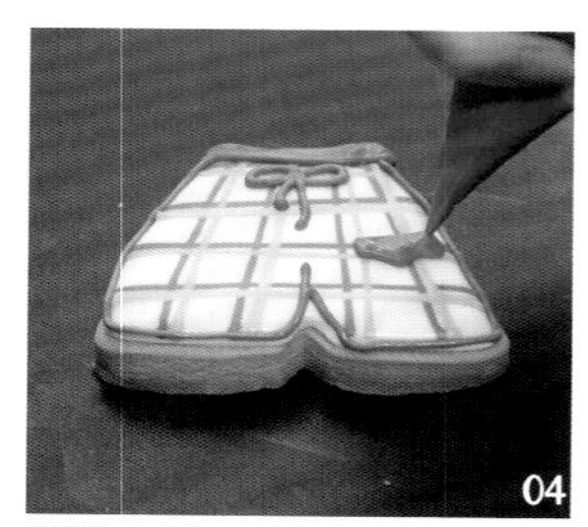

最後用藍色糖霜再次加強框線，並畫上口袋，等待乾燥就完成啦！

帆船

STEP BY STEP

糖霜顏色

水藍色
白色
藍色
紅色
咖啡色

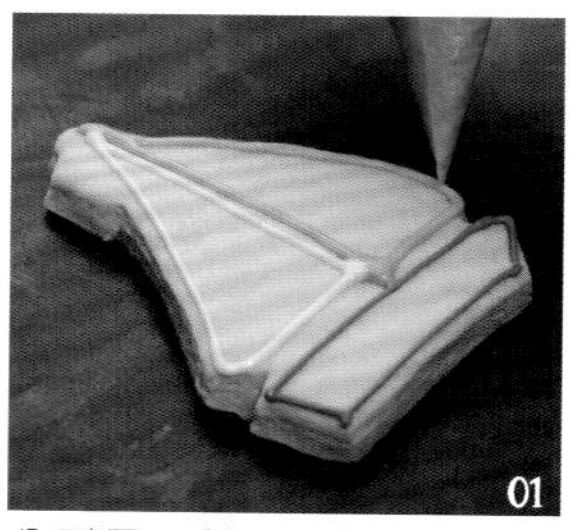

分別用三種不同顏色的糖霜畫出框線，等待完全乾燥。

再用糖霜填滿風帆、船身底色。

趁糖霜還沒乾，趕緊畫出白色反光，等待完全乾燥。

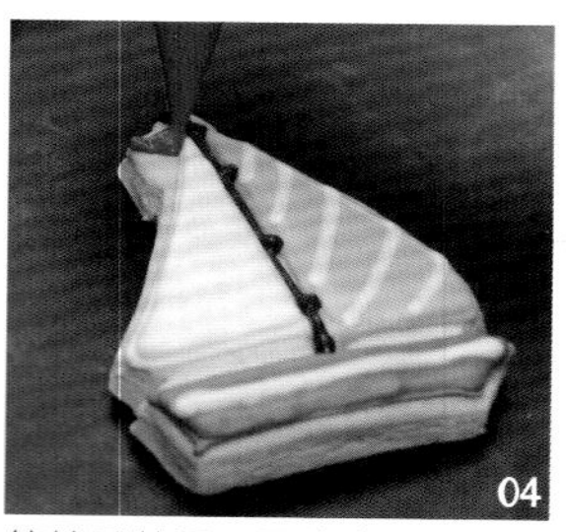

等糖霜乾了，最後畫上船桅、旗子，等全部乾燥就 OK ！

夾腳拖

糖霜顏色

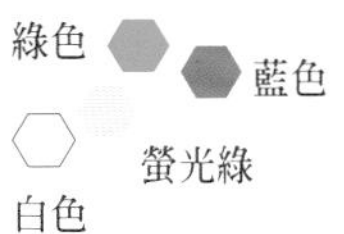

STEP BY STEP

用螢光綠糖霜畫出框線，等待完全乾燥。

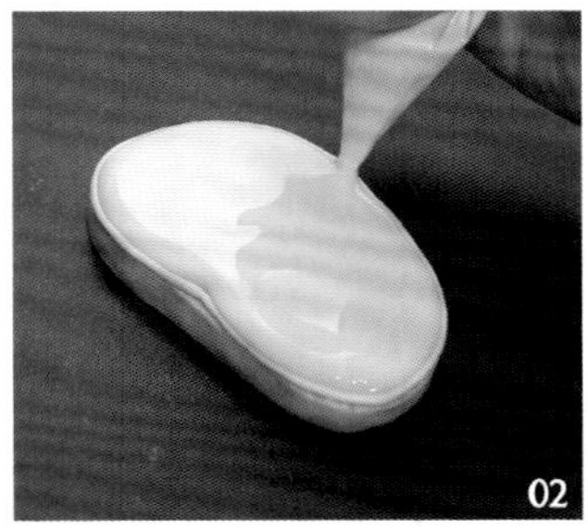

用螢光綠糖霜填滿鞋面。

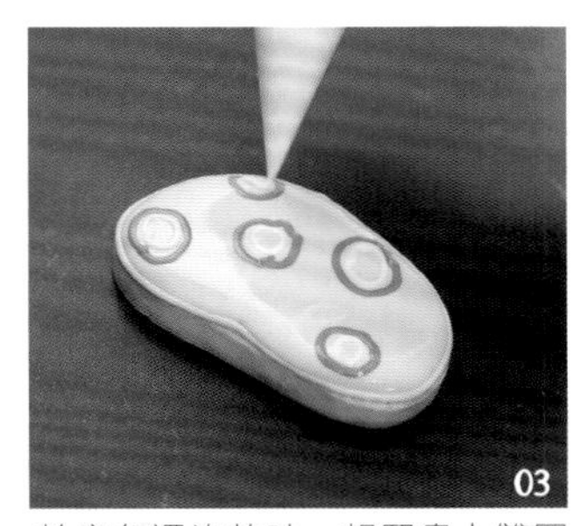

趁底色還沒乾時，趕緊畫上雙圓形。

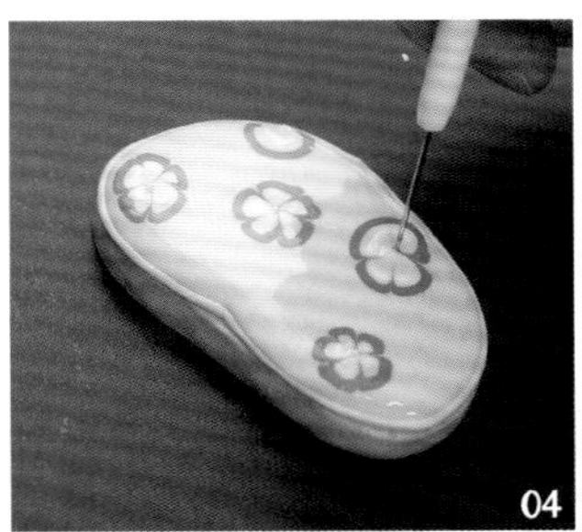

再用戳針或牙籤勾勒出花朵圖樣。

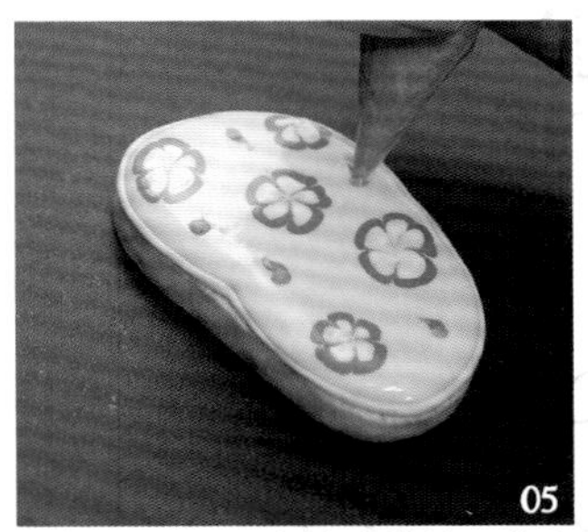

一樣趁糖霜還沒乾時繼續用綠色糖霜裝飾鞋面，等待完全乾燥。

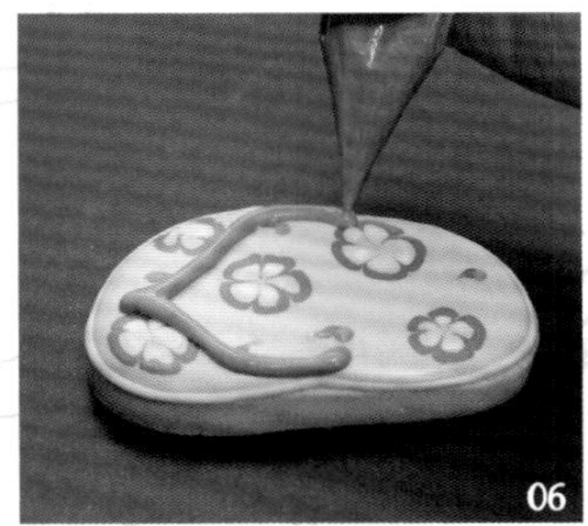

最後畫上鞋帶，等完全乾燥就完成啦！

魚兒魚兒水中游

記得第一次浮潛時，心情格外興奮，
看著色彩斑斕的小丑魚，在身邊游過，
熱帶魚也在指尖、身旁穿梭，
原來海底世界這麼活潑，
自己彷彿也感染了那份生命力。

小丑魚

STEP BY STEP

用橘色糖霜畫出框線。

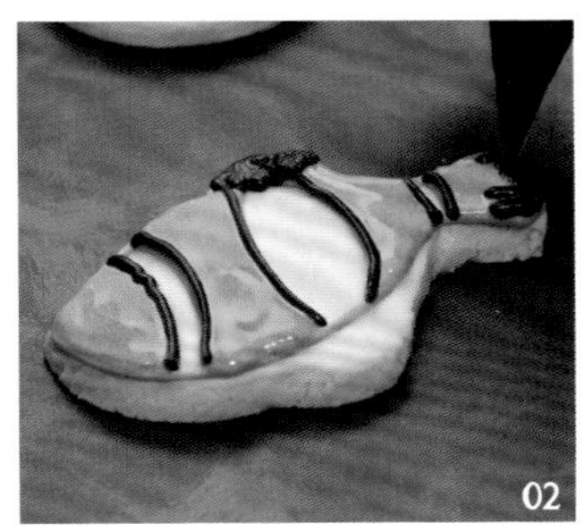

趁糖霜還沒乾，先用橘色填滿底色，再用黑色畫出花紋。

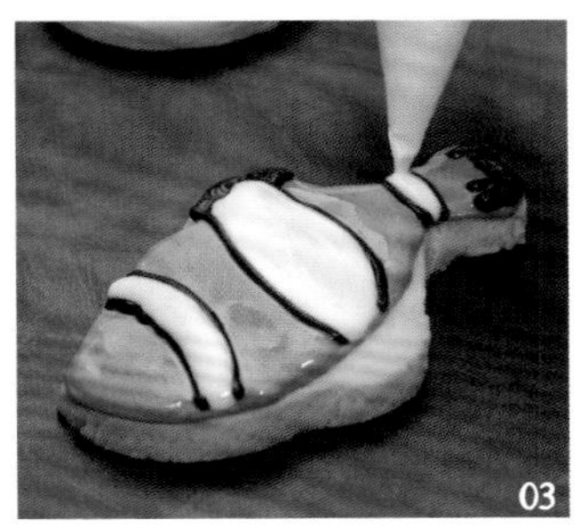

一樣趁糖霜還沒乾，用白色填滿底色，等待完全乾燥。

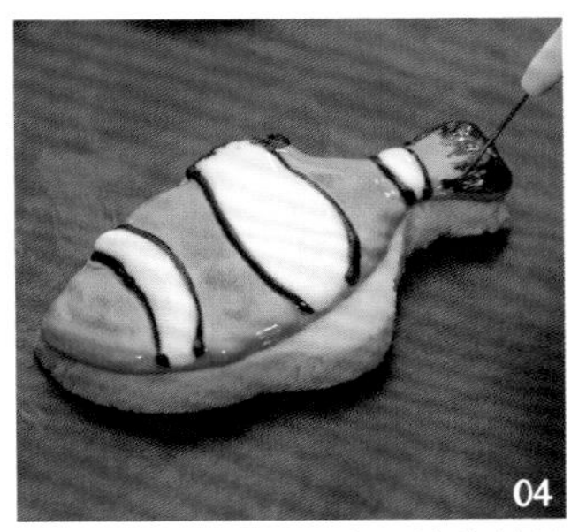

用戳針或牙籤勾勒出尾鰭的花紋後，等待乾燥。

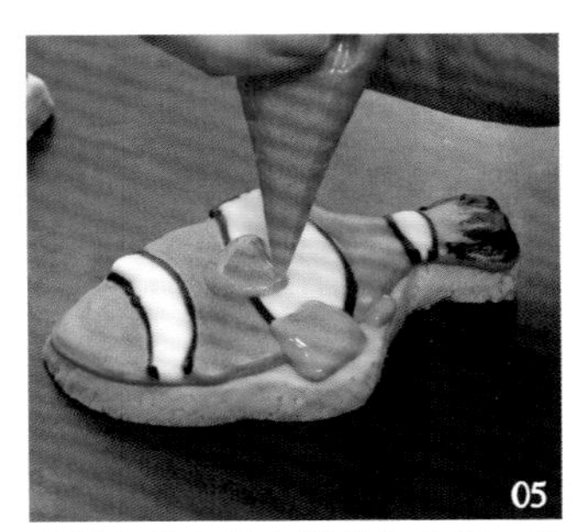

用橘色畫出其它部分的魚鰭，再用黑色畫上花紋。

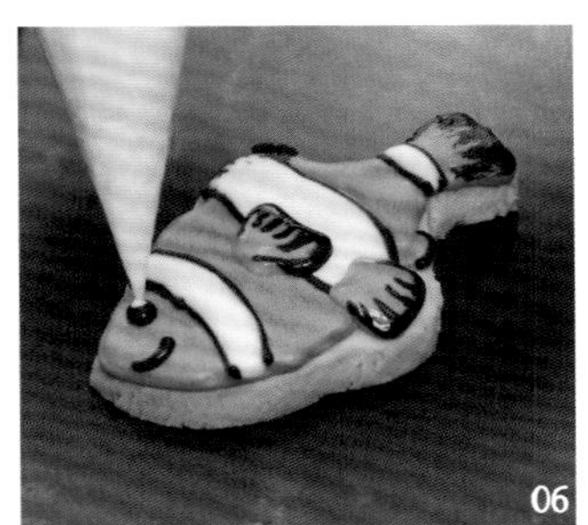

最後用黑色、白色畫出明亮眼睛、微笑表情，等待全部乾燥就完成囉！

海星

糖霜顏色

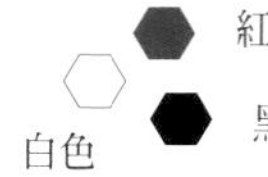

紅色

白色

黑色

STEP BY STEP

01 用紅色糖霜描繪邊框，等待完全乾燥

02 再用紅色把底色填滿，繼續等待乾燥。

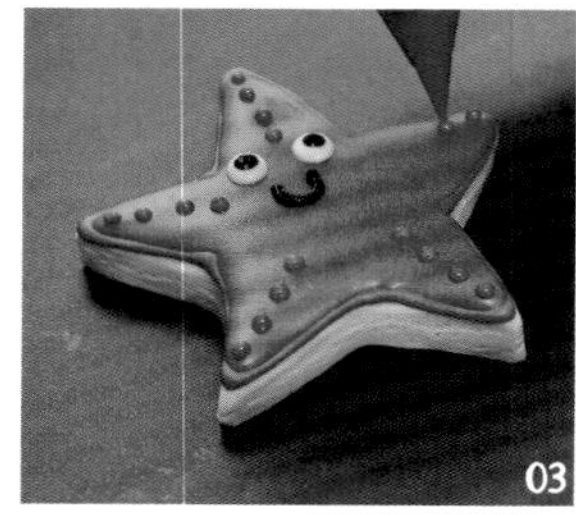

03 最後分別用白色、黑色畫出明亮雙眼、微笑表情，紅色則點出身體花紋，等待全部乾燥就 OK ！

海豚

糖霜顏色

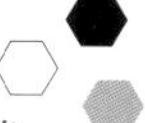

黑色

白色

淺灰色

STEP BY STEP

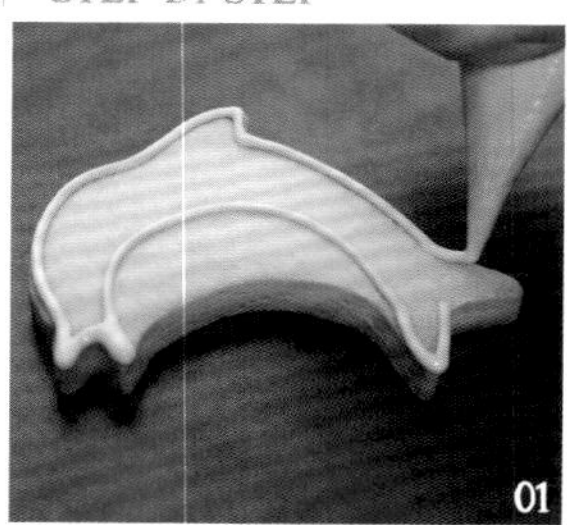

01 用淺灰色糖霜畫出框線。

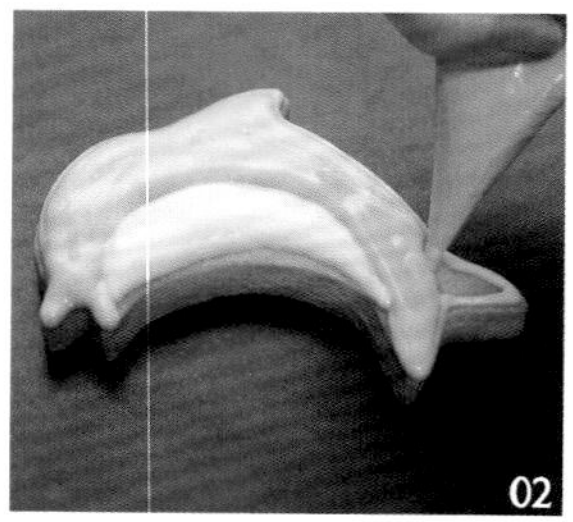

02 趁著糖霜還沒乾，趕緊用淺灰色、白色填滿身體底色，等待完全乾燥。

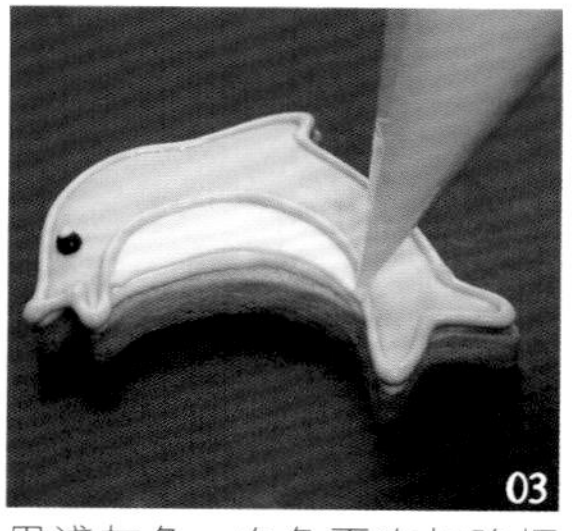

03 用淺灰色、白色再次加強框線，黑色、白色則點出眼睛，等待全部乾燥。

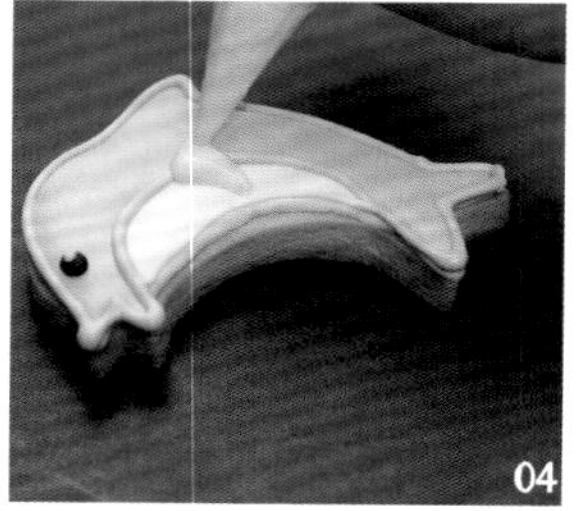

04 最後用淺灰色畫出魚鰭，等待全部乾燥就 OK ！

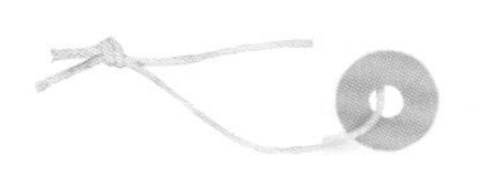

鯊魚

糖霜顏色 白色 黑色 淺灰色

STEP BY STEP

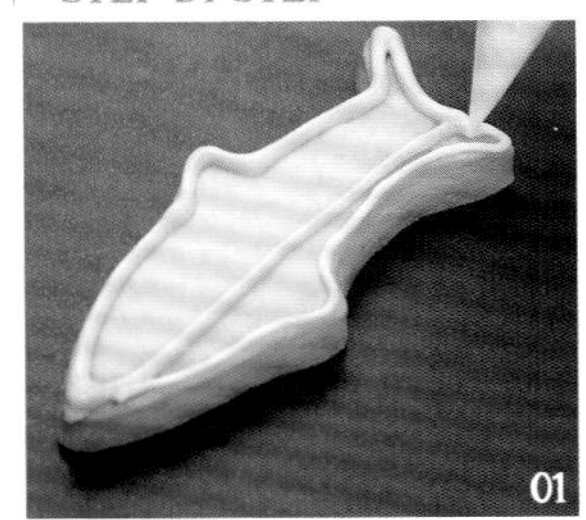

分別用淺灰色、白色畫出框線。

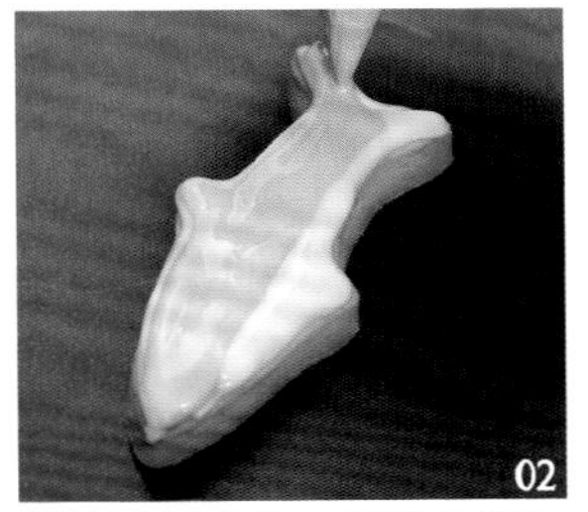

趁糖霜還沒乾，趕緊用淺灰色、白色填滿身體底色，等待完全乾燥。

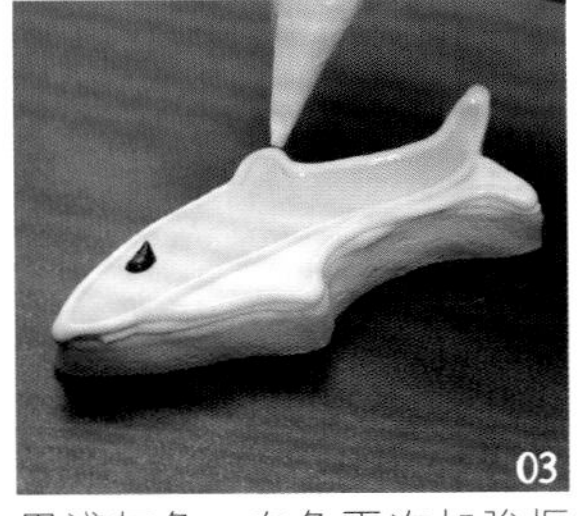

用淺灰色、白色再次加強框線，黑色畫出眼睛，等待完全乾燥。

最後用黑色畫魚鰓、淺灰色畫魚鰭，等待全部乾燥就完成囉！

鯨魚

糖霜顏色 黑色 白色 藍色 粉紅色

STEP BY STEP

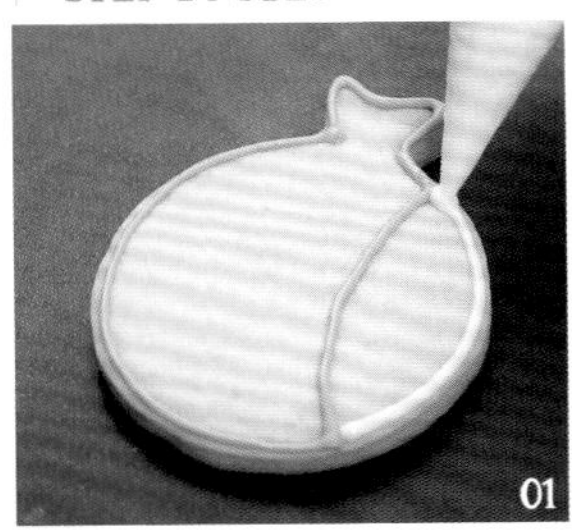

分別用藍色、白色畫出框線。

趁糖霜還沒乾，趕緊填滿底色，等待完全乾燥。

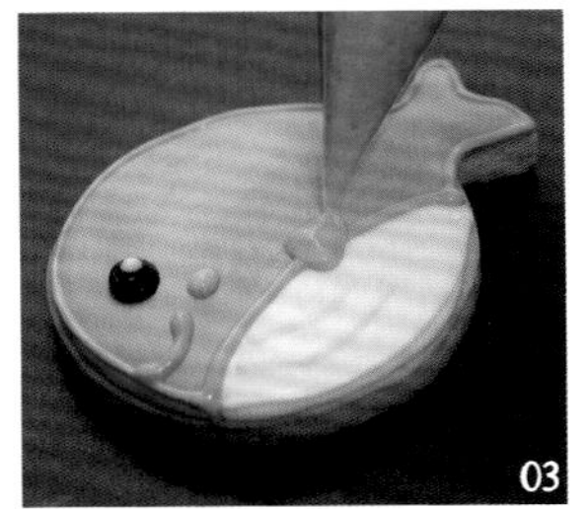

再次加強框線，用黑色、白色、藍色畫出表情及魚鰭，粉紅色則點出腮紅，等待全部乾燥即完成囉！

速食五大天王

內餡厚實的漢堡、金黃酥脆的薯條、透心涼的冰淇淋、卡滋卡滋的爆米花，以及在嘴裡跳舞的汽水，相信是不少人的最愛，偶爾解解饞是 OK 的，千萬別太常吃喲！

薯條

糖霜顏色

紅色
黃色

STEP BY STEP

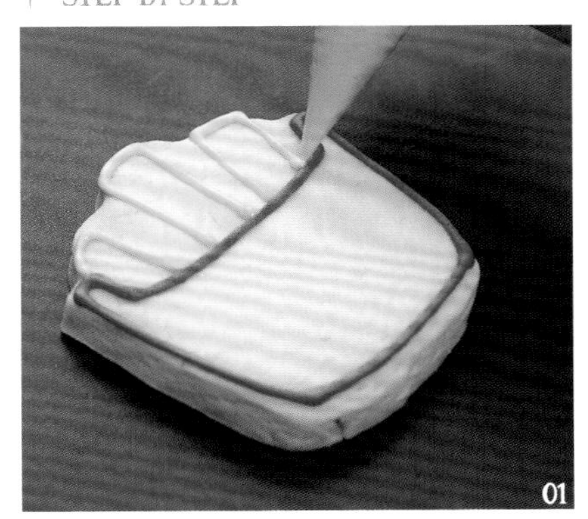

01 用紅色糖霜畫出框線，黃色糖霜間隔畫出薯條。

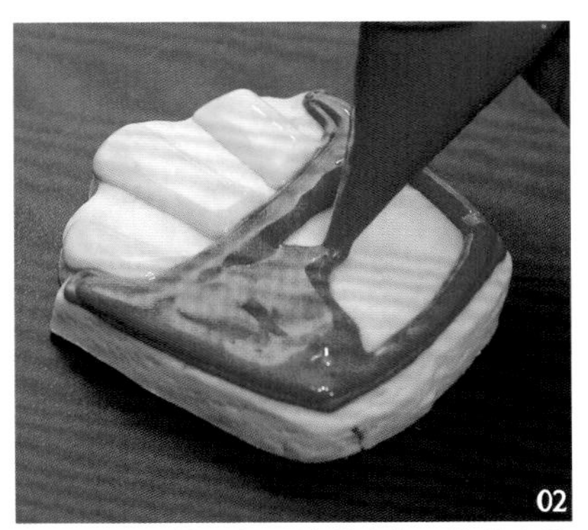

02 趁糖霜還沒乾，趕緊填滿底色，等待完全乾燥。

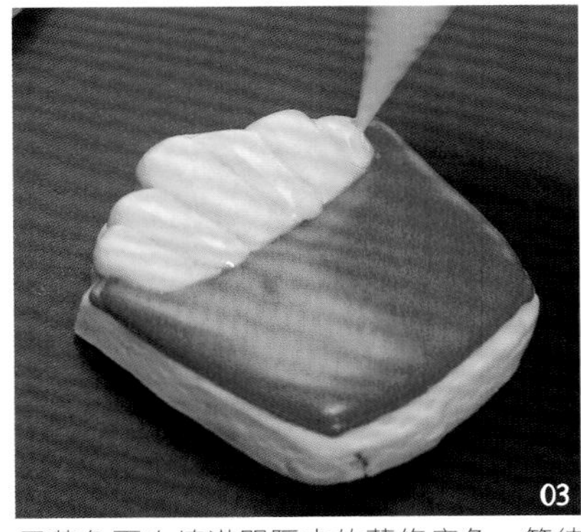

03 用黃色再次填滿間隔中的薯條底色，等待完全乾燥。

04 用紅色糖霜畫出紙盒框線，再用黃色糖霜寫上文字，等待全部乾燥就完成囉！

汽水

糖霜顏色

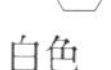

橘色
白色
咖啡色

STEP BY STEP

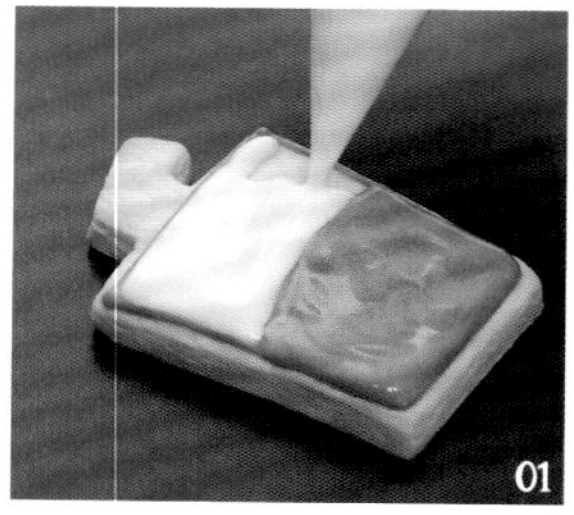

用橘色糖霜畫出框線，等待乾燥後，填滿橘色、白色底色。

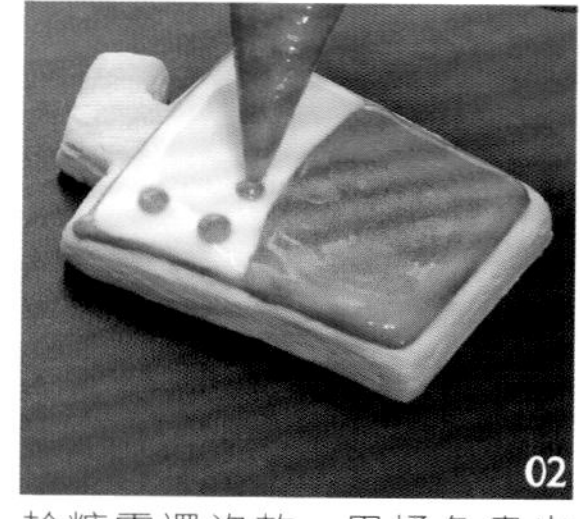

趁糖霜還沒乾，用橘色畫出汽水氣泡。

最後用橘色再次加強框線，咖啡色畫出吸管，等待全部乾燥就完成囉！

漢堡

糖霜顏色

褐色
紅色
咖啡色
黃色
米黃色
綠色

STEP BY STEP

用褐色糖霜畫出麵包邊框，等待完全乾燥。

STEP BY STEP

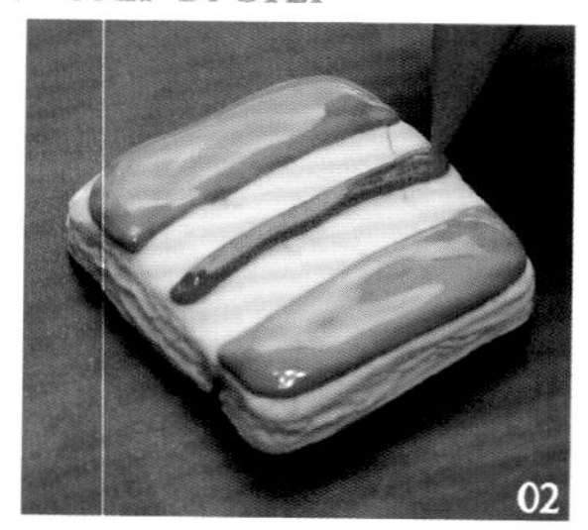

分別用褐色、紅色填滿麵包與番茄底色，等待完全乾燥。

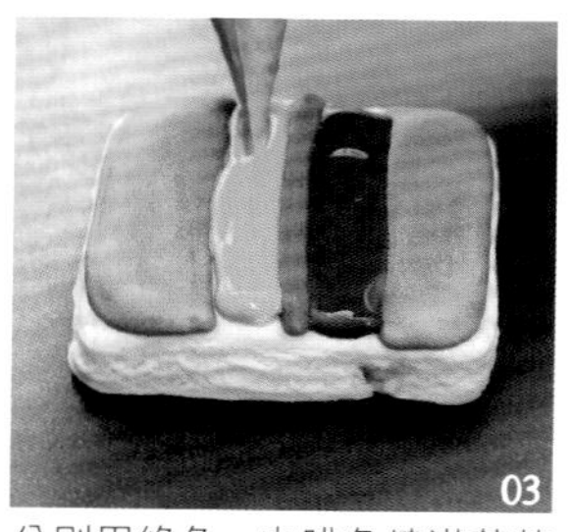

分別用綠色、咖啡色填滿蔬菜與肉的底色，等待完全乾燥。

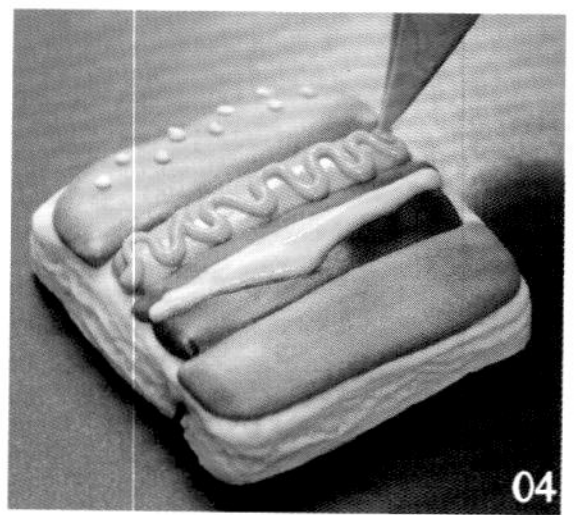

最後畫上起士片、芝麻粒、蔬菜紋路，等待乾燥就完成囉！

爆米花

糖霜顏色：紅色、白色、黑色、米黃色

STEP BY STEP

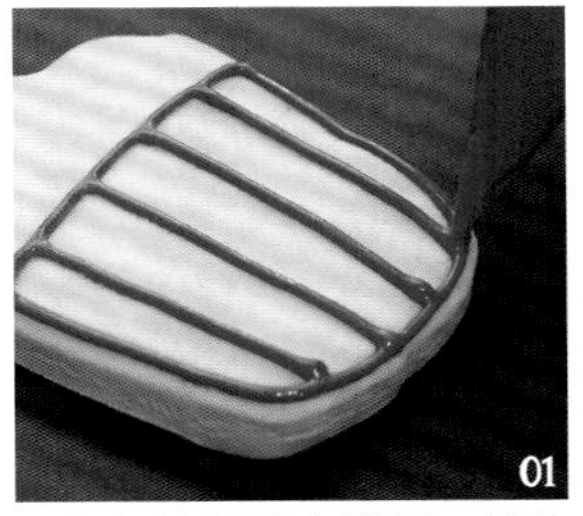

用紅色糖霜畫出邊框，等待完全乾燥。

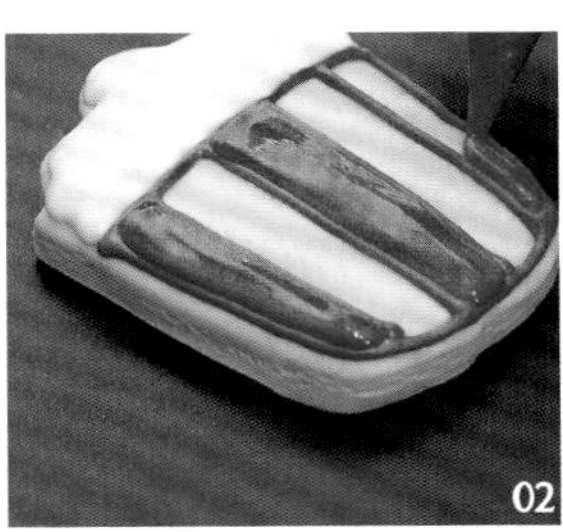

分別用紅色、米黃色填滿容器、爆米花底色，等待完全乾燥。

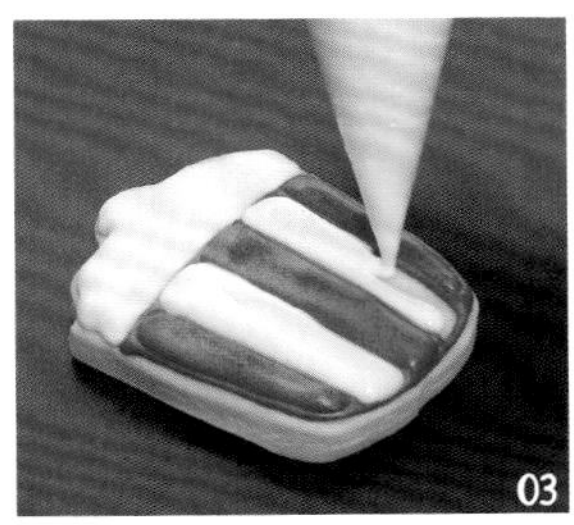

用白色糖霜填滿容器間隔的空白部分。

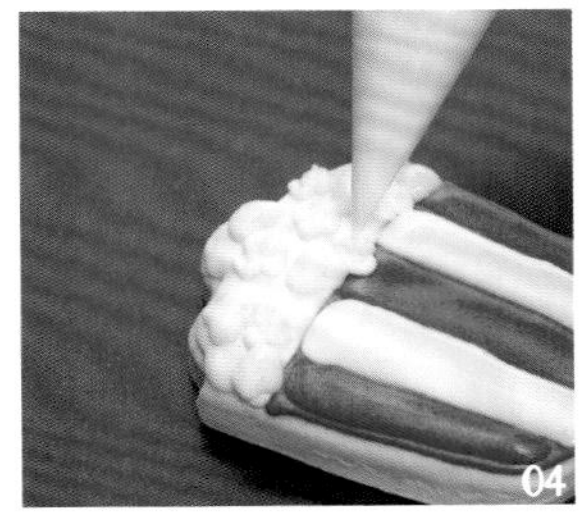

用較硬的白色及米黃色糖霜畫出爆米花。

最後用黑色糖霜寫上文字，等待全部乾燥就完成囉！

冰淇淋

糖霜顏色：米黃色、白色、藍色、紅色、橘色、咖啡色

STEP BY STEP

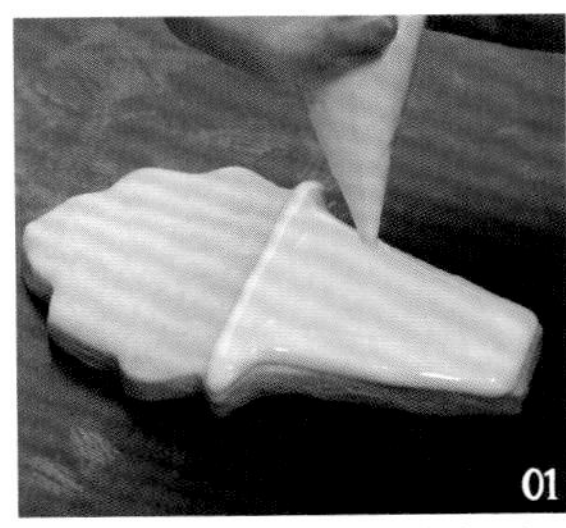

用米黃色糖霜畫出餅乾框線，等乾燥後填滿底色。

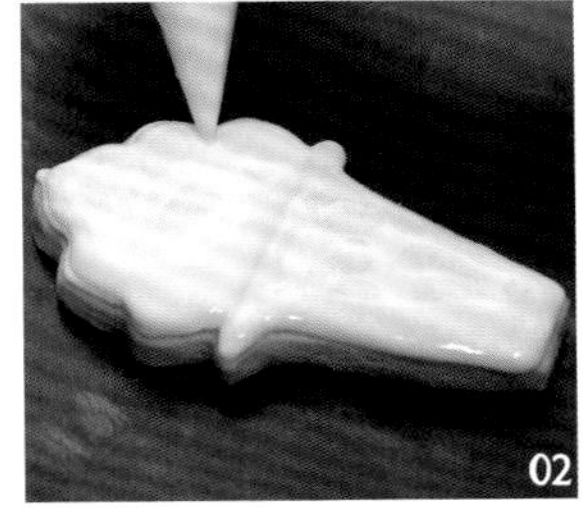

用白色糖霜畫出冰淇淋框線，等乾燥後填滿底色。

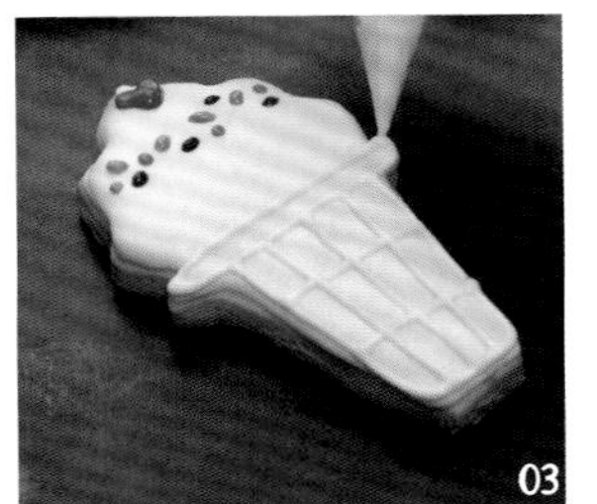

最後畫上裝飾糖粒，以及餅乾框線，等待全部乾燥就完成囉！

我愛刷牙，趕跑蛀牙

看牙醫，對大人或小孩而言，
通常是既緊張又怕受傷害，
為了維持健康的牙齒，記得天天刷牙，
不僅給人好印象，笑容看來起更加燦爛。

幫牙齒寶寶帶上蝴蝶結，是不是很可愛呀！大家也可以發揮想像空間，創造出屬於自己的牙齒寶寶喲～

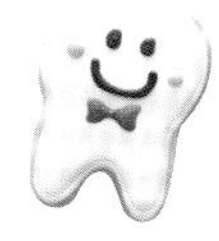

牙齒

糖霜顏色

白色

黑色

粉紅色

STEP BY STEP

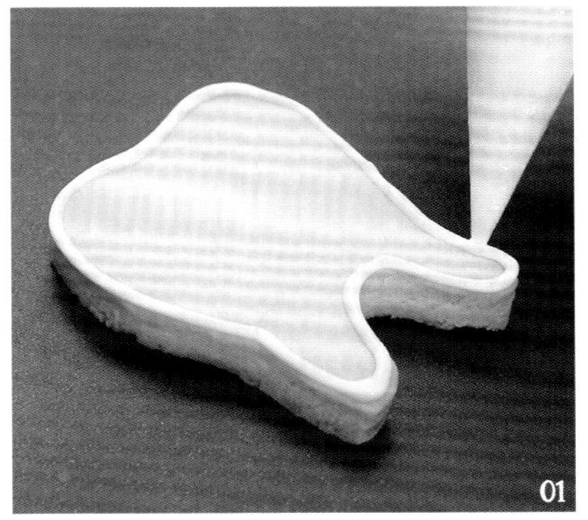
01 用白色糖霜描畫出框線，等待完全乾燥。

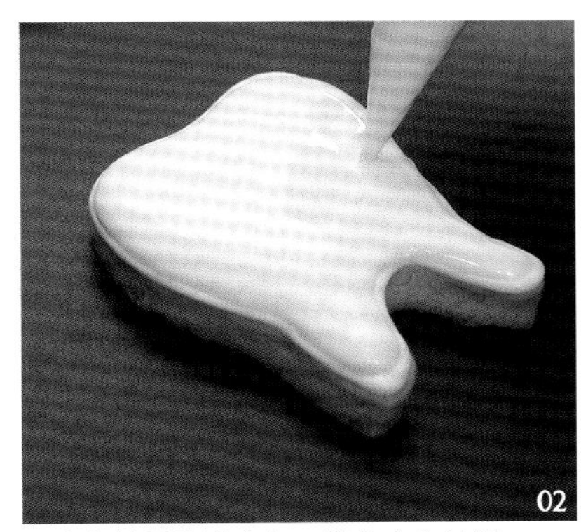
02 用白色糖霜填滿底色，等待完全乾燥。

03 最後用黑色畫微笑表情，用粉紅色畫腮紅，等待全部乾燥就 OK 囉！

漱口杯

糖霜顏色

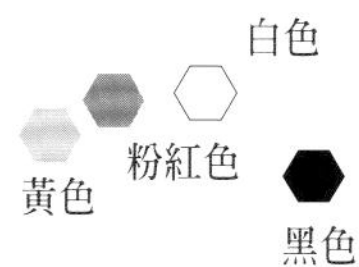

STEP BY STEP

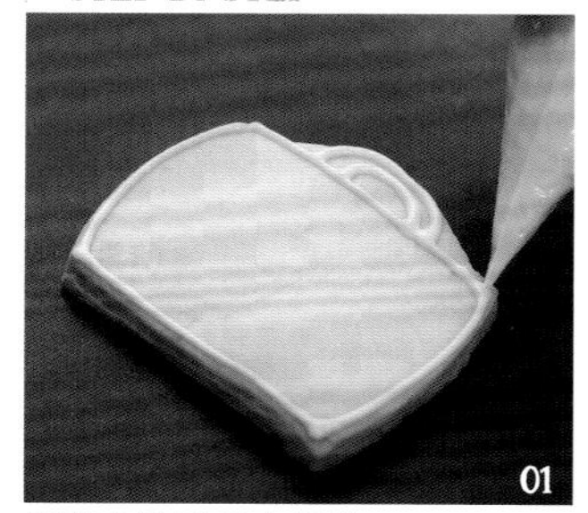

用黃色糖霜畫出框線。

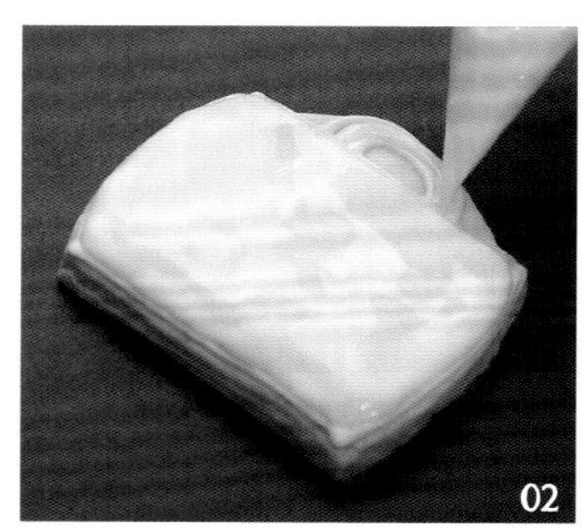

趁糖霜還沒乾，用黃色糖霜填滿底色。

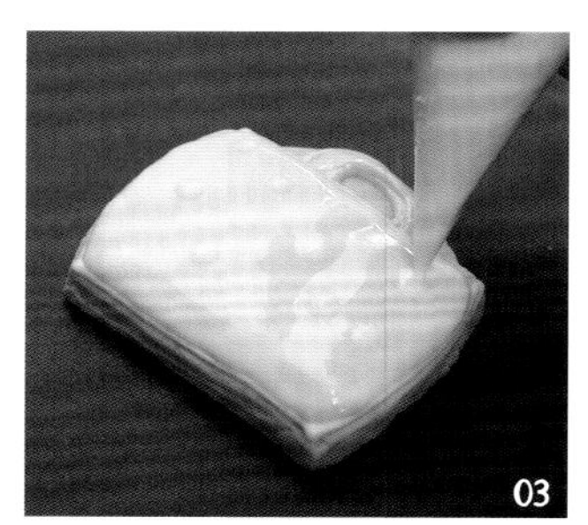

趁糖霜還沒乾時，用白色畫出圓點，等待完全乾燥。

用黃色再次加強框線。

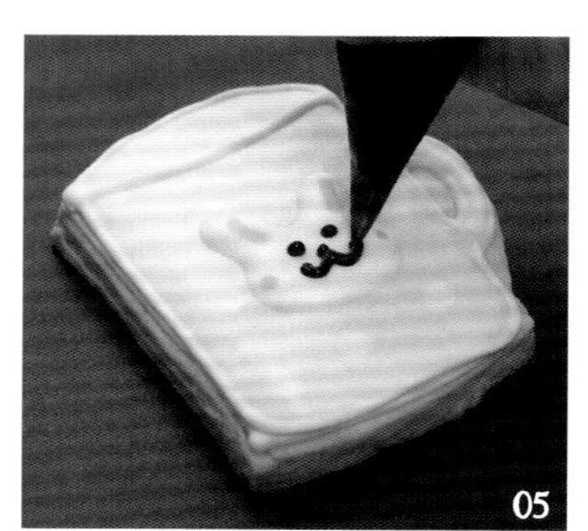

用白色、粉紅色畫小兔子等待乾燥後，用黑色畫微笑表情，等待全部乾燥即完成囉！

漱口杯上的圖案、顏色都可以自由變換，快來一起挑戰看看！

牙刷

糖霜顏色

白色

藍色

STEP BY STEP

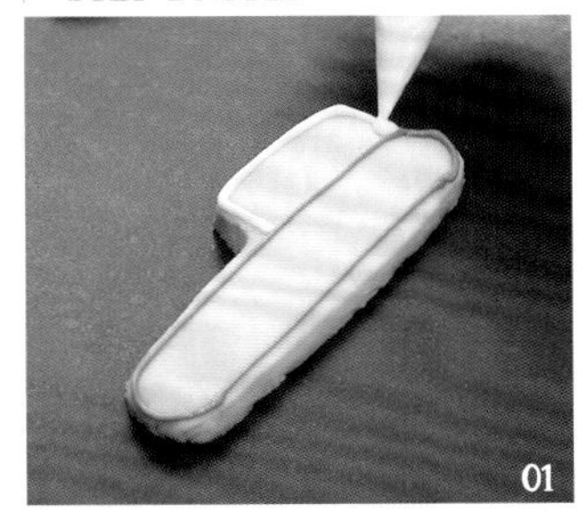

用藍色、白色糖霜畫出框線，等待完全乾燥。

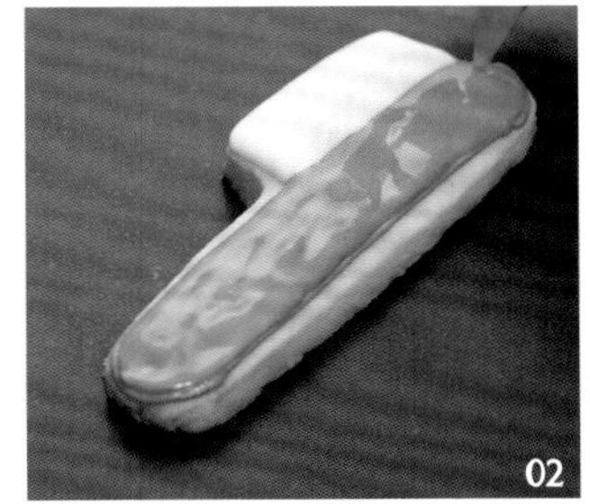

用藍色、白色填滿底色，等待完全乾燥。

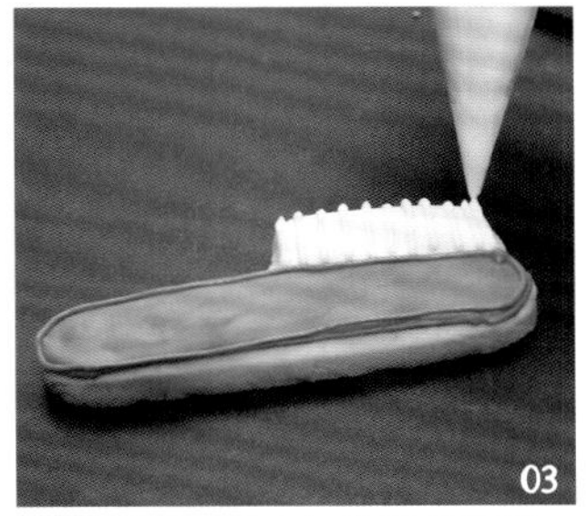

最後用藍色再次加強握把框線，用白色畫上刷毛，等待全部乾燥即完成囉！

牙膏

糖霜顏色

米黃色

白色

紅色

藍色

STEP BY STEP

分別用紅色糖霜畫出蓋子底色，白色糖霜畫出瓶身框線，等待完全乾燥。

用白色糖霜填滿底色，等待完全乾燥。

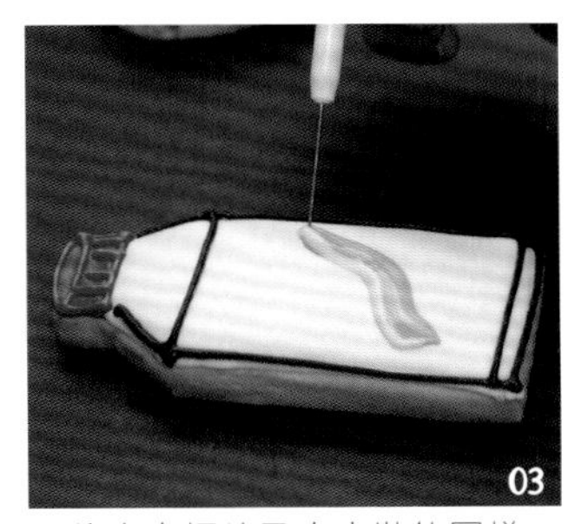

最後畫出框線及中央裝飾圖樣，等待全部乾燥就 OK 囉！

開心農場，種菜去

隨著樂活風的興起，
越來越多人選擇捲起袖子，
自己種菜自己吃，享受收成的喜悅，
做個快樂農夫。

稻草人

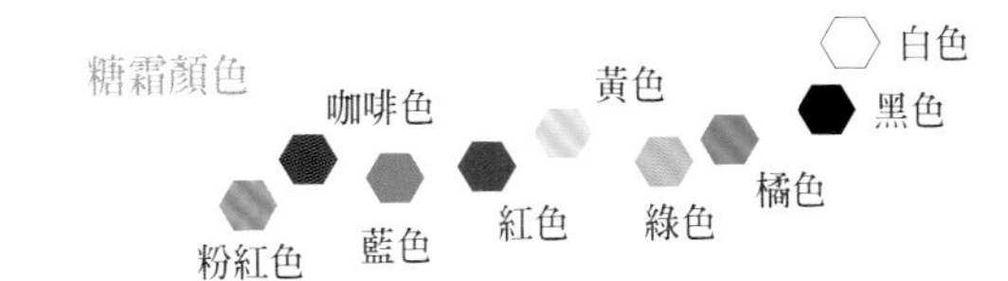

STEP BY STEP

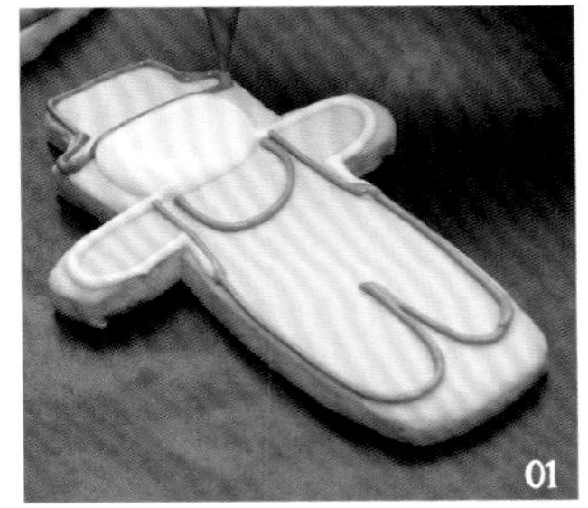

01

用喜歡的糖霜顏色畫出邊框，並填滿臉部，等待完全乾燥。

02

用喜歡的糖霜顏色填滿底色，並畫上衣服的格紋，等待完全乾燥。

03

最後畫上表情與褲子框線、稻草頭髮等小細節，等待全部乾燥就完成囉！

茄子

糖霜顏色

STEP BY STEP

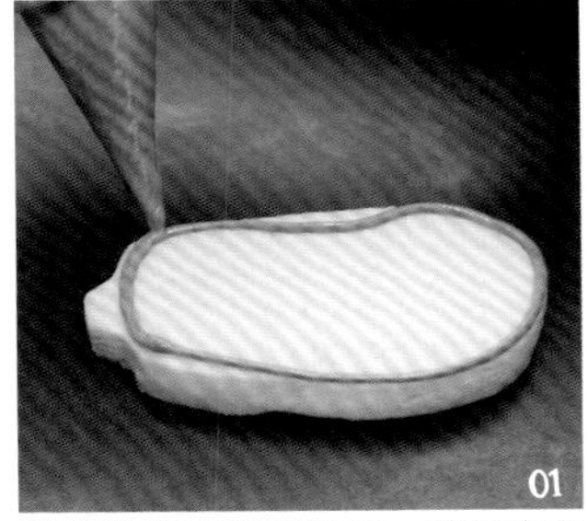

01

用紫色糖霜畫出邊框，等待完全乾燥。

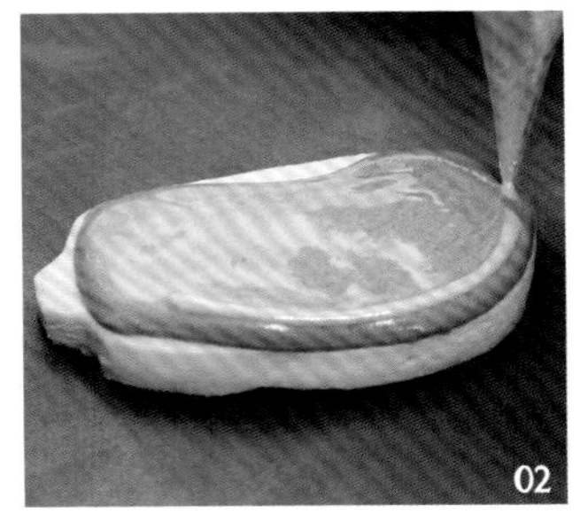

02

用紫色糖霜填滿底色，趁底色糖霜未乾時用淺紫色糖霜畫上反光，等待完全乾燥。

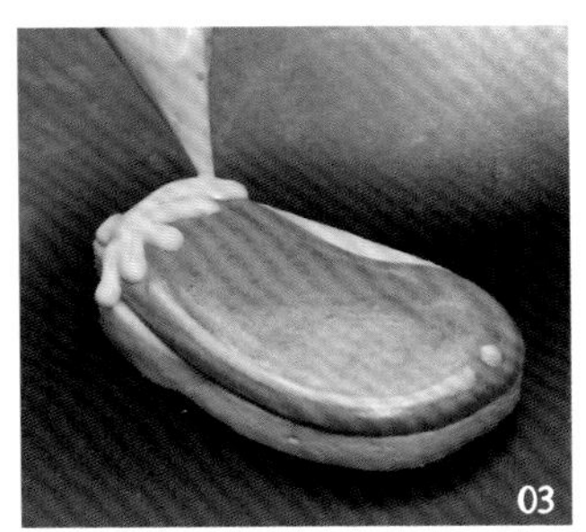

03

最後用淺綠色糖霜畫上蒂頭，等待全部乾燥就完成囉！

草莓

糖霜顏色

粉紅色　咖啡色　綠色

STEP BY STEP

01 分別用綠色、粉紅色糖霜畫出框線，等待完全乾燥。

02 用綠色、粉紅色糖霜填滿底色，再次等待乾燥。

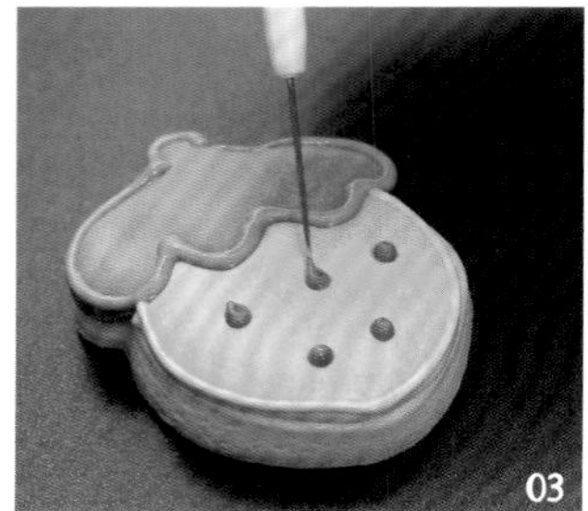

03 最後再次加強框線，用咖啡色糖霜畫上草莓種子，等待全部乾燥就完成囉！

玉米

糖霜顏色

黃色　 淺綠色

STEP BY STEP

01 用黃色、淺綠色糖霜畫出邊框，等待完全乾燥。

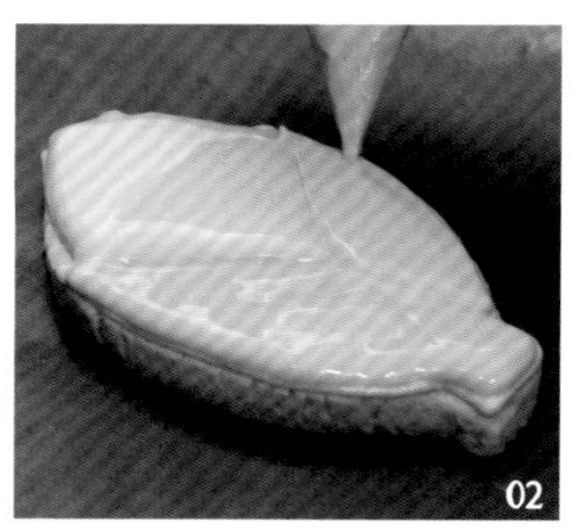

02 用黃色、淺綠色糖霜填滿底色，等待完全乾燥。

03 最後畫上葉子框線、玉米粒，等待全部乾燥就完成囉！

蘿蔔

糖霜顏色

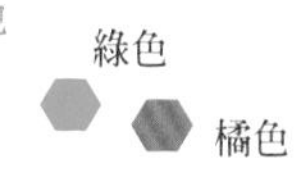

STEP BY STEP

用橘色糖霜畫出框線後，趁糖霜未乾，填滿底色。

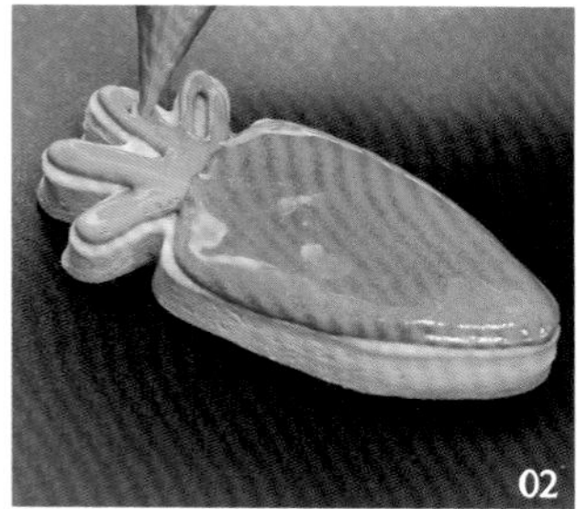

用綠色糖霜畫上葉子底色，等待乾燥。

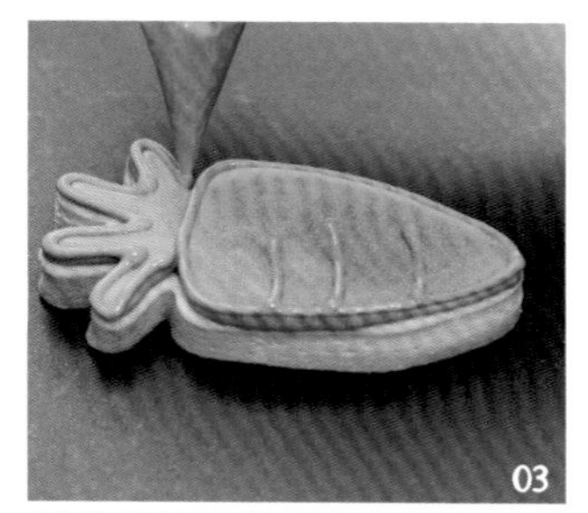

最後用綠色與橘色糖霜加強框線，等待全部乾燥就 OK 囉！

番茄

糖霜顏色

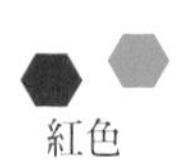

綠色

紅色

STEP BY STEP

用紅色糖霜畫出框線，等待完全乾燥。

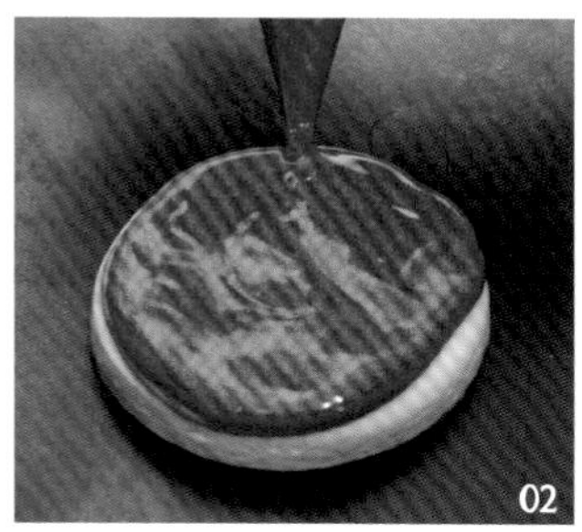

用紅色糖霜填滿底色，等待完全乾燥。

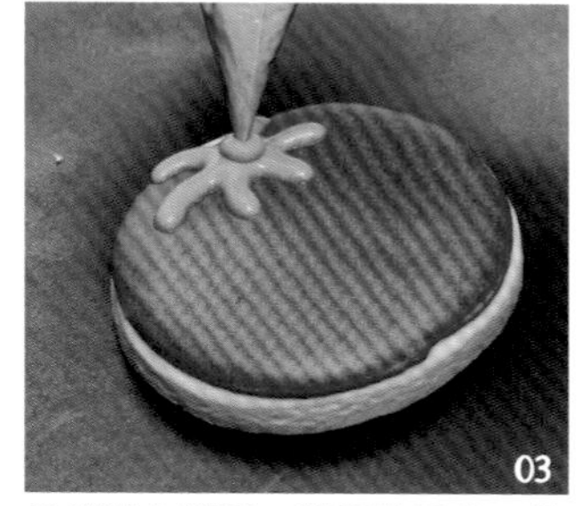

最後畫上葉子，糖霜乾了後，點上葉梗，等待全部乾燥即完成囉！

猜猜看，這是什麼車？

小時候，爸爸常開車載我兜風，
印象中，警車好神氣、火車好長好長，
挖土機、油罐車……各式各樣的車輛，
來往於城市中，令人眼花撩亂。

警車

糖霜顏色

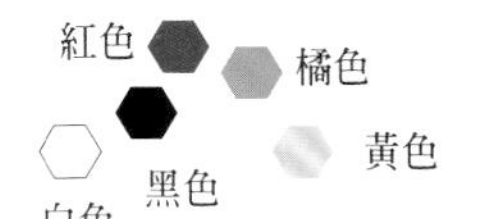

STEP BY STEP

用黑色糖霜畫上車輪與框線，等待完全乾燥。

分別用黑色、白色、紅色，填滿前後車身、車窗與警示燈底色，等待完全乾燥。

用灰色畫上輪胎。

車身中央用白色糖霜填滿底色，等待完全乾燥。

最後用橘色與黃色畫上警示燈與車燈，用黑色寫上文字，等待全部乾燥就 OK ！

火車

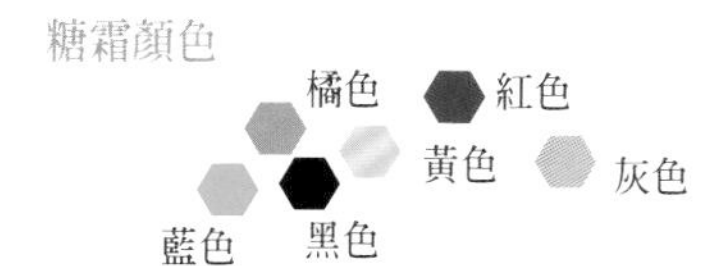

STEP BY STEP

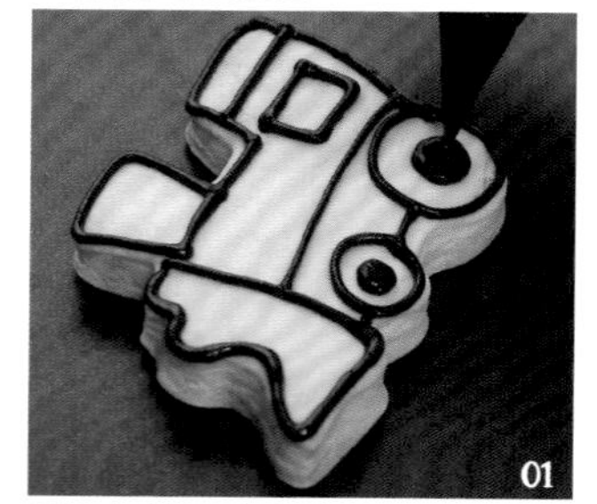

用黑色糖霜畫出邊框，等待完全乾燥。

選擇喜歡的糖霜顏色，填滿底色，等待完全乾燥。

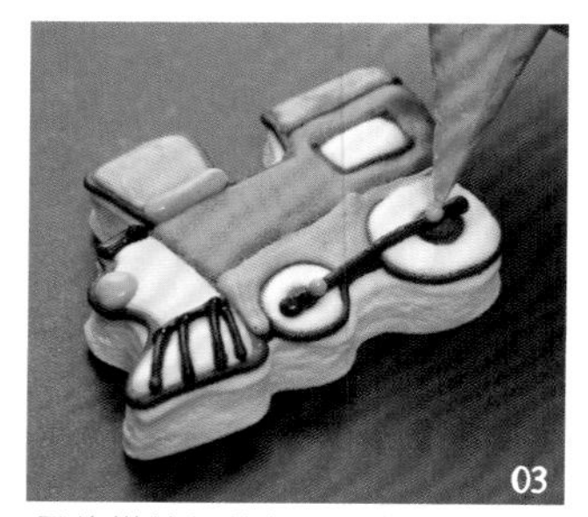

最後描繪細節部分，等待全部乾燥就 OK ！

油罐車

糖霜顏色

藍色 白色 橘色 咖啡色 灰色 黑色

STEP BY STEP

用黑色描邊框與輪胎，等待完全乾燥。

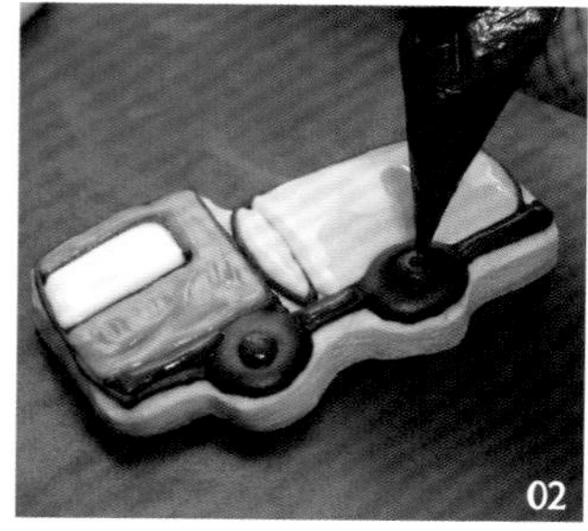

用喜歡的糖霜顏色，填滿底色，等待完全乾燥。

最後用黑色再次加強框線，用橘色畫上車燈，等待全部乾燥就 OK ！

挖土機

糖霜顏色

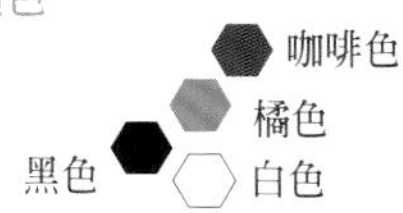

STEP BY STEP

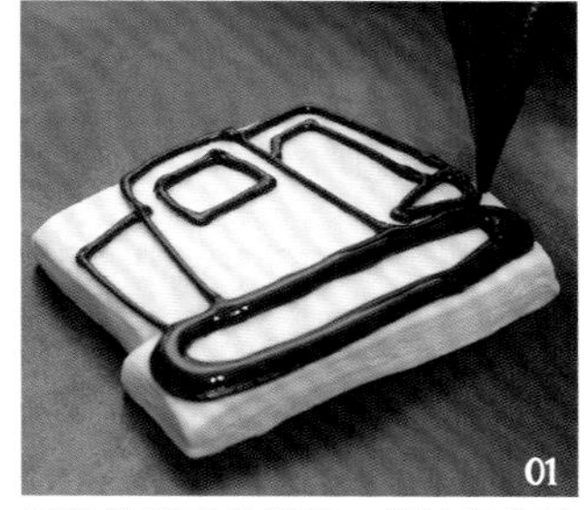

用黑色糖霜描邊框，等待完全乾燥。

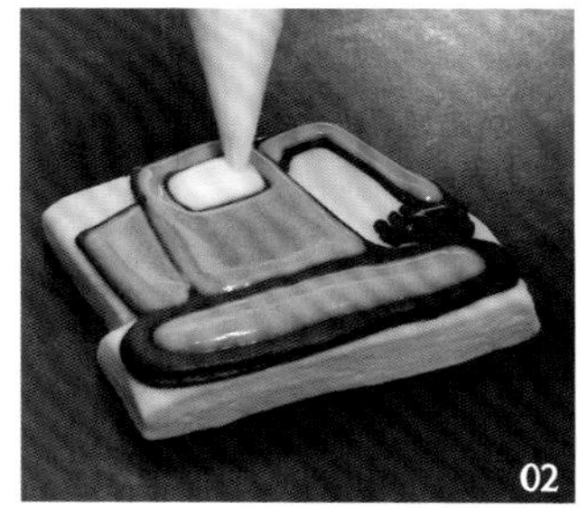

用橘色、白色、咖啡色填滿底色，等待完全乾燥。

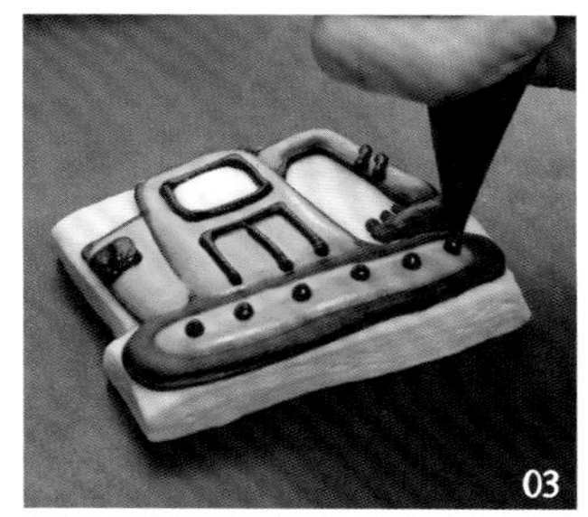

最後描繪細節部分，等待全部乾燥就 OK ！

希望糖霜餅乾能滿滿的傳達出我所有的祝福、感謝和回憶～

一起去旅行

巴黎，令人嚮往的浪漫之都，
其中最具代表性的地標，
當然非艾菲爾鐵塔莫屬，
就讓我們手勾手，一同飛往法國，
感受花都的魅力與優雅。

巴黎鐵塔

糖霜顏色

黑色
白色

STEP BY STEP

01 用白色糖霜畫出邊框，等待完全乾燥。

02 用白色糖霜填滿底色，等待完全乾燥。

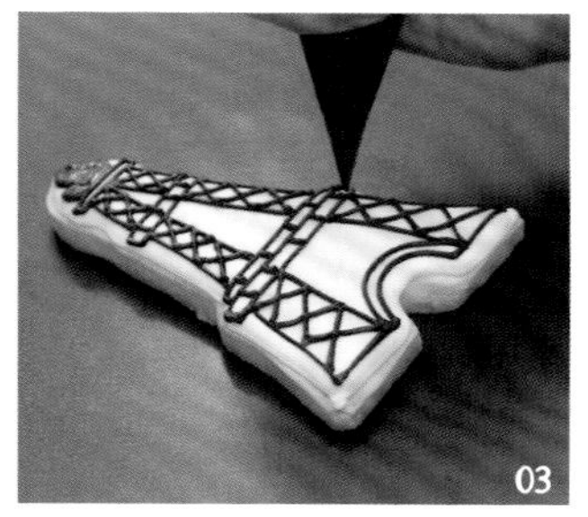

03 最後用黑色糖霜畫上鐵塔線條造型，等待全部乾燥就完成囉！

飛機

糖霜顏色

灰色
藍色
白色
黑色

STEP BY STEP

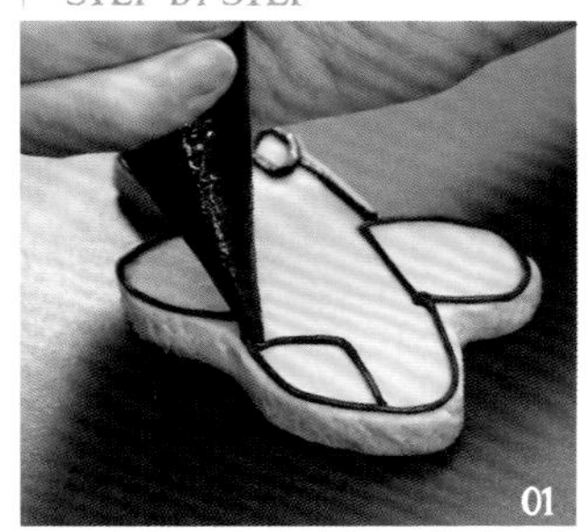

01 用黑色糖霜畫出邊框，等待完全乾燥。

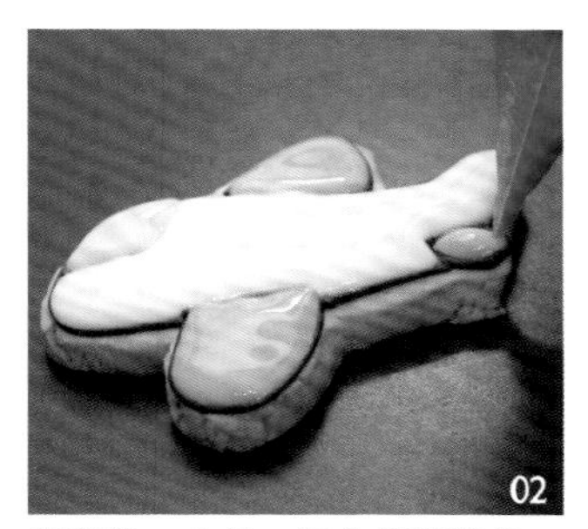

02 用藍色、白色、灰色填滿底色，等待完全乾燥。

03 最後用黑色畫上窗戶框線，等待乾燥就完成囉！

彩虹

糖霜顏色

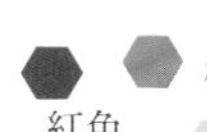

紅色 橘色 黃色 綠色 淺藍色 藍色 紫色 白色

STEP BY STEP

01 用白色糖霜畫出邊框，等待完全乾燥。

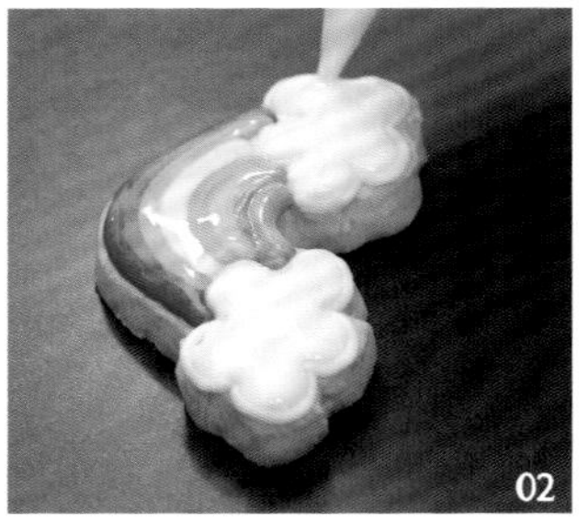

02 填滿彩虹與白雲底色，等待完全乾燥。

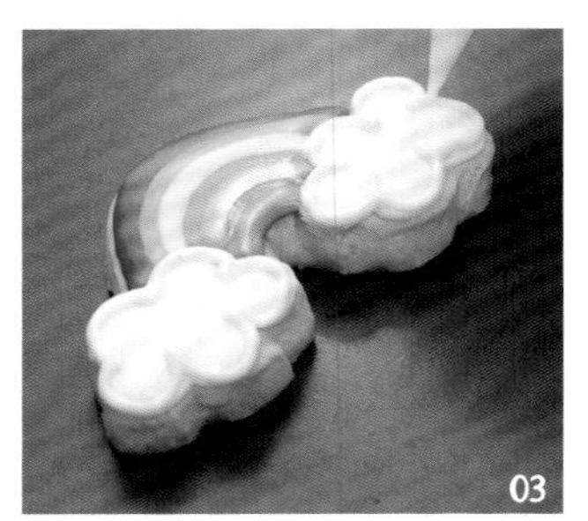

03 最後畫上白雲框線，等待全部乾燥就完成。

行李箱

糖霜顏色

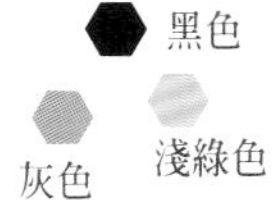

黑色 灰色 淺綠色

STEP BY STEP

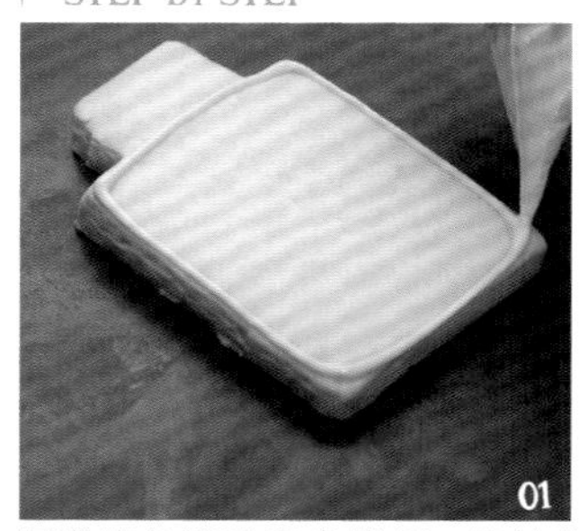

01 用淺綠色糖霜畫出邊框，等待乾燥。

02 用淺綠色糖霜填滿底色，等待完全乾燥。

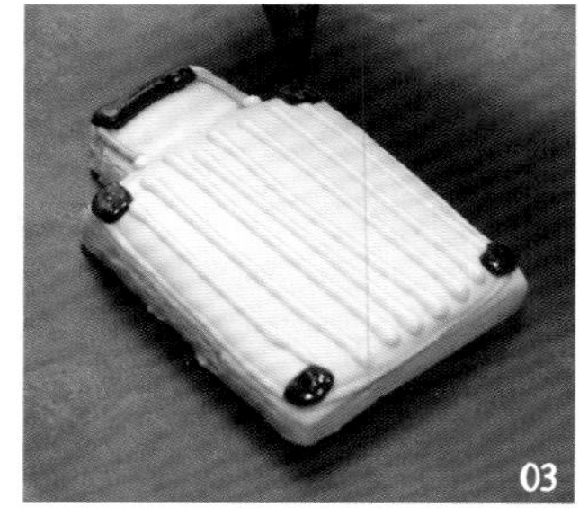

03 最後用灰色與黑色畫上框線、防撞護條、手把，等待全部乾燥就完成囉！

手提袋

STEP BY STEP

用黃色畫出邊框，等待完全乾燥。

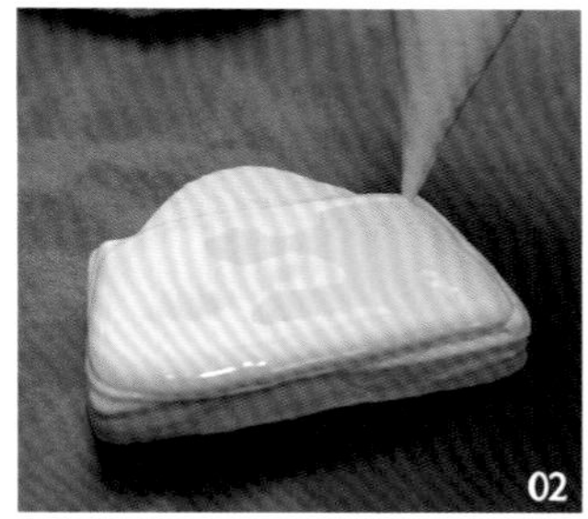

用黃色填滿底色，再次等待乾燥。

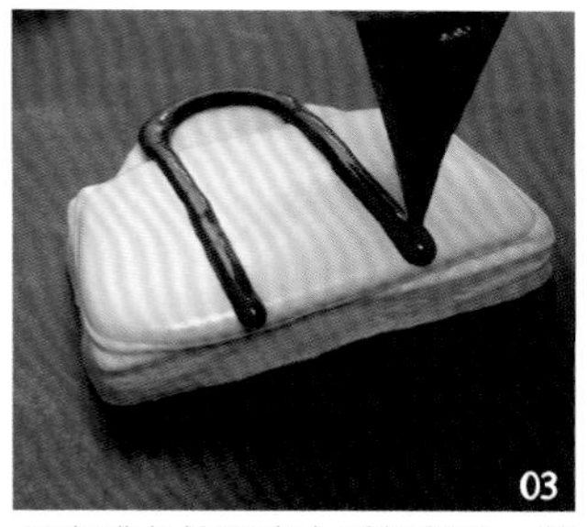

用咖啡色糖霜畫上手提部分，等待完全乾燥。

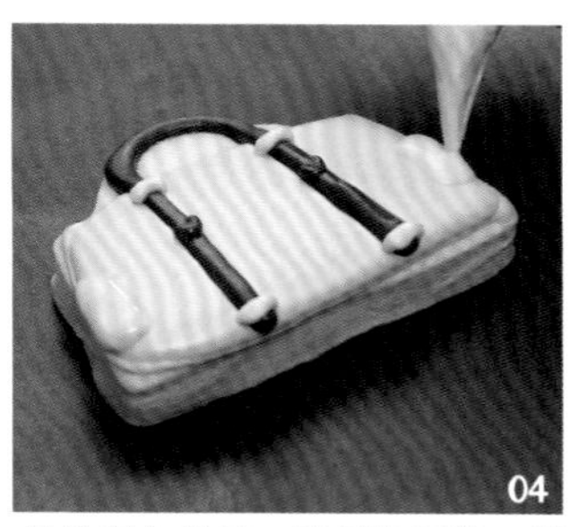

最後畫上釦子、兩側的口袋，等待全部乾燥就完成囉！

相機

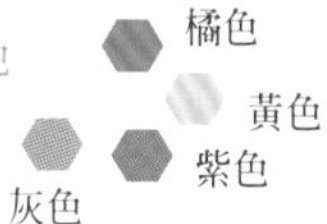

STEP BY STEP

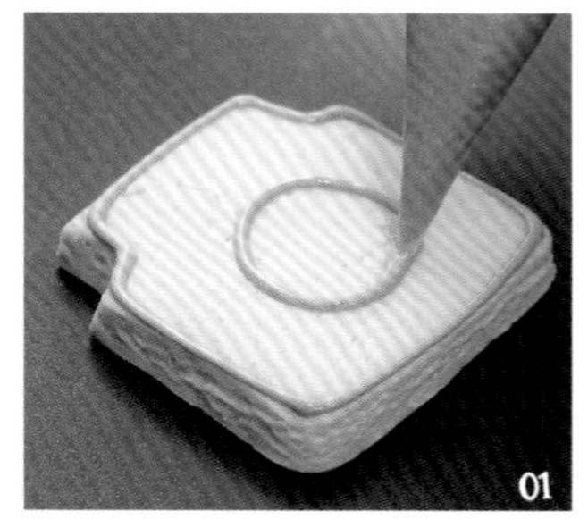

用紫色糖霜畫出邊框，等待完全乾燥。

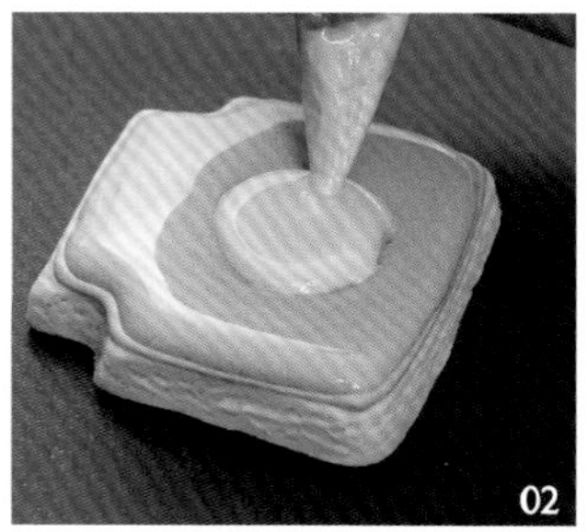

分別用紫色、灰色糖霜填滿底色，等待完全乾燥。

最後畫上細節，等待全部乾燥就完成囉！

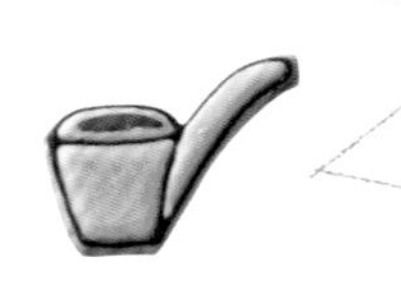

PART 3
就愛節慶造型！

與小本一同做
超人氣的糖霜餅乾

由於喜歡動手做餅乾的關係，
因此希望能將手作的感動
傳遞給每個人，
親手烘培的餅乾，
蘊含滿滿的心意，
讓人倍感溫暖。

小時候最喜歡上學了，
因為媽媽會牽著我的手，
一起散步到學校，
和同學相處也很愉快！

開學日，
開心上學去！

黑板

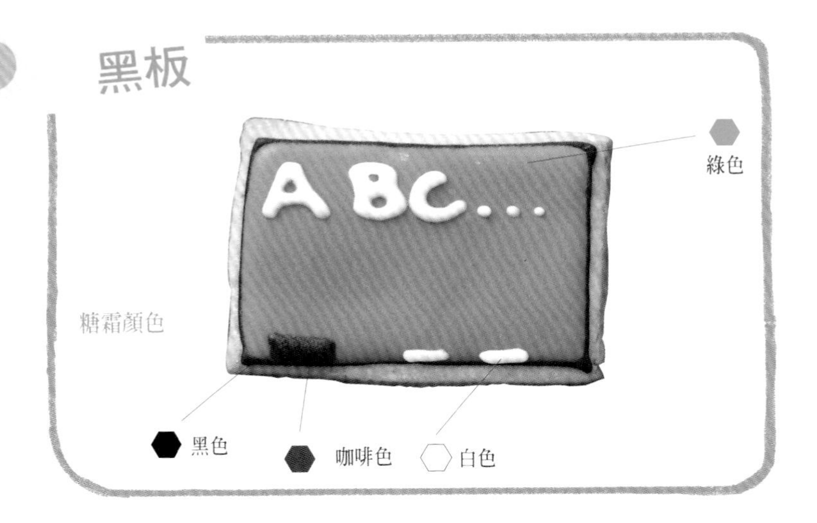

STEP BY STEP

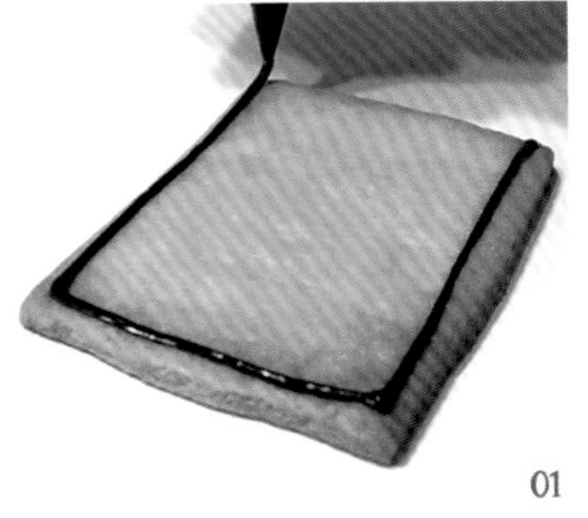

01

用黑色糖霜畫出黑板的框線，再等它變乾。

02

用綠色糖霜塗滿底色。

03

等綠色糖霜完全乾燥後，分別用咖啡色、白色糖霜，裝飾出板擦與粉筆。

04

最後用白色糖霜在黑板上寫上想要的文字，等全部乾燥就完成囉！

書本

糖霜顏色

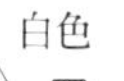
白色

深灰色

STEP BY STEP

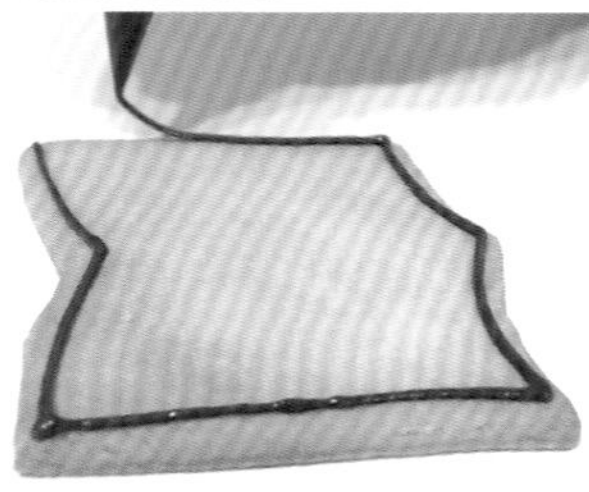

01

用深灰色糖霜畫出框線，再等它變乾。

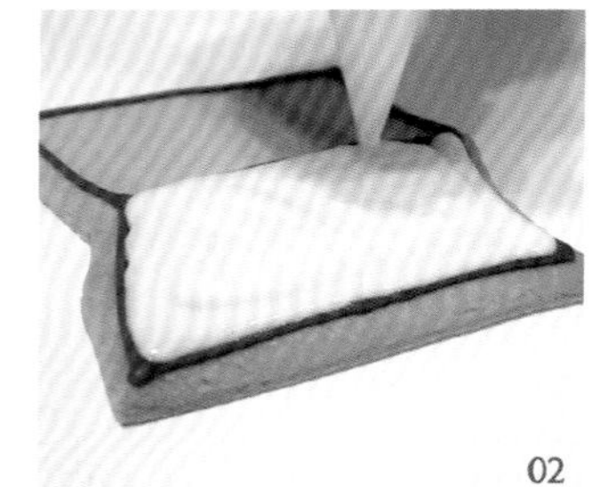

02

用白色糖霜填滿底色。

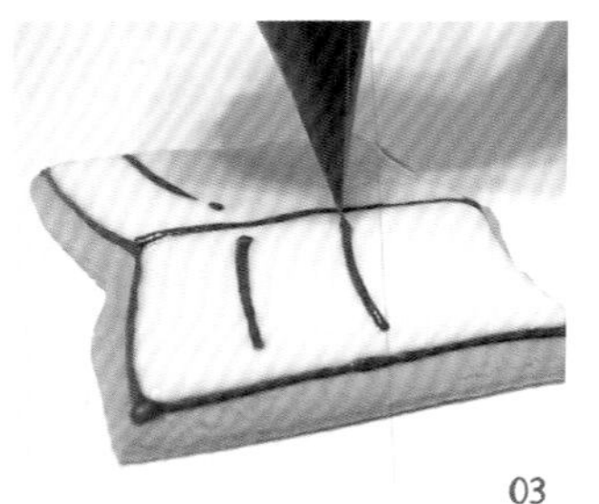

03

趁白色糖霜未乾時，再以深灰色糖霜畫出分頁線條，等全部乾燥就完成囉！

文字ABC

糖霜顏色

藍色
粉紅色
黃色
淺藍色

STEP BY STEP

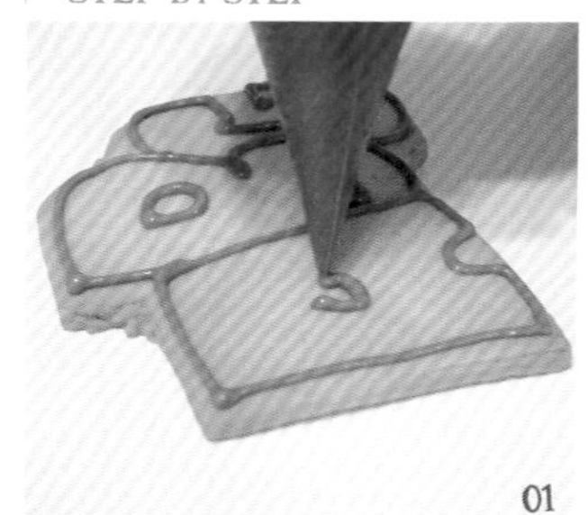

01

用藍色畫出框線，等待完全乾燥。

02

再分別以不同顏色的糖霜填滿底色，等全部乾燥就 ok ！

也可以試試其它的英文字，就能創造出屬於自己的文字餅乾喲！

蠟筆

糖霜顏色 黑色 藍色

STEP BY STEP

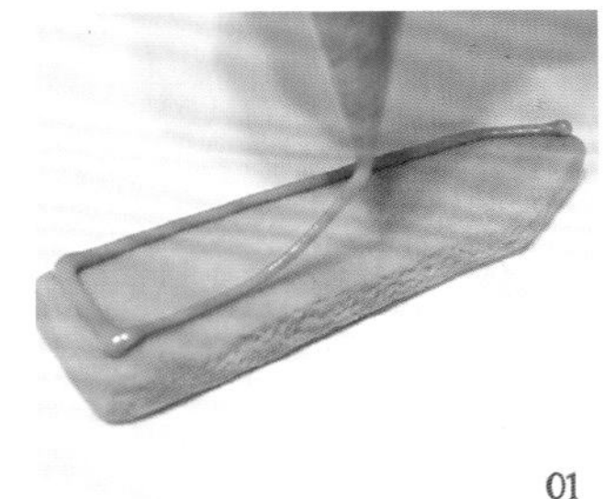

01
用藍色糖霜畫出框線。

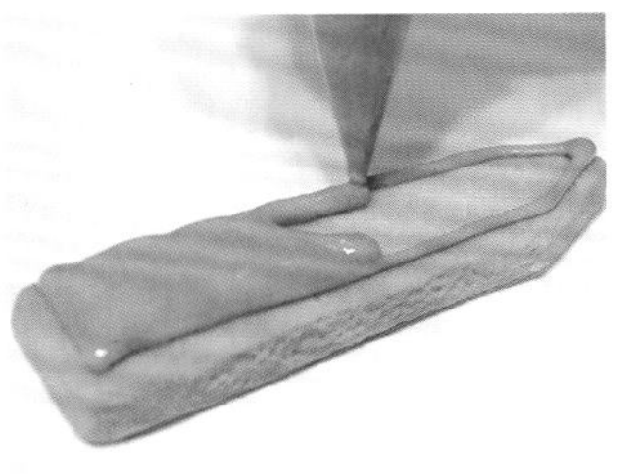

02
這次不用等乾燥，繼續用藍色填滿底色。

03
趁藍色還沒乾，趕快用黑色畫上裝飾線條，等完全乾燥就 OK!

鉛筆

糖霜顏色 黑色 橘色 淺藍色 咖啡色 米黃色

STEP BY STEP

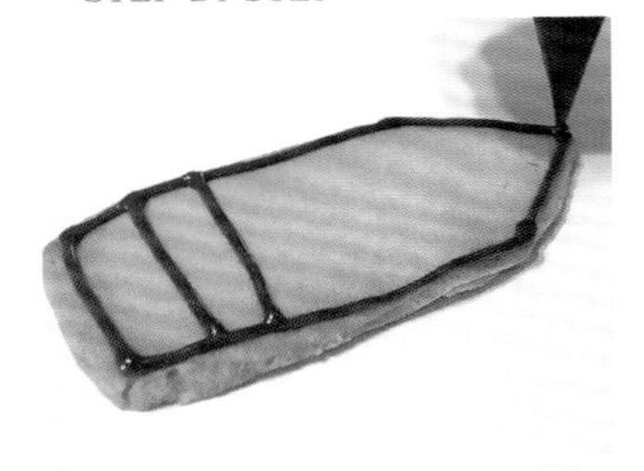

01
用深咖啡色糖霜畫出框線，等待完全乾燥。

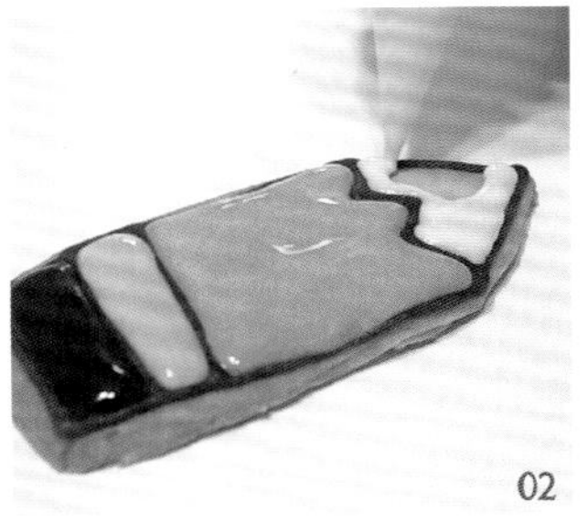

02
分別用不同糖霜的顏色填滿底色，再次等待完全乾燥。

03
最後用深咖啡色畫出裝飾框線，加強立體感，等待全部乾燥即可。

鳳凰花開，
我們畢業了！

每到畢業季，
校園中充滿著離情依依的氣氛，
和同學相處的快樂回憶，
彷彿還歷歷在目，
朋友們，珍重再見！

畢業證書

糖霜顏色 黑色 白色 紅色

01 用黑色糖霜畫出框線，等待完全乾燥。

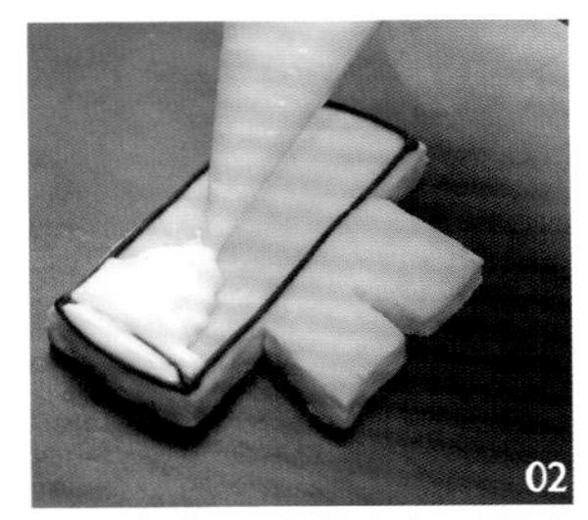
02 用白色糖霜填滿底色，再次等待乾燥。

拿到畢業證書，也象徵另一階段的開始，要努力向自己所立下的目標邁進喲！

03 用黑色糖霜，再次加強框線，乾了之後，畫出紅緞帶，等完全乾燥就 OK。

STEP BY STEP

學士帽

糖霜顏色 黑色 黃色

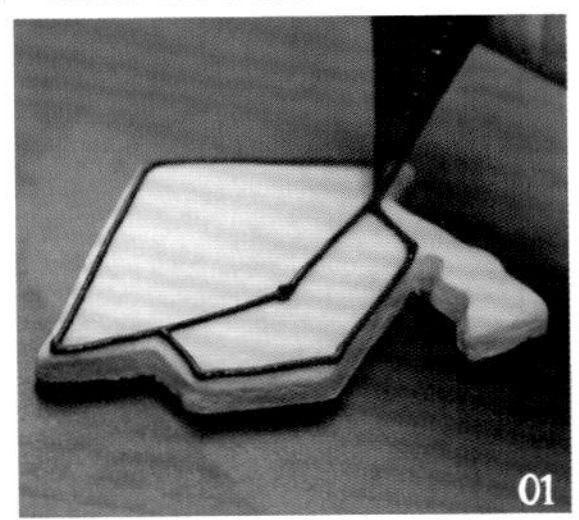
01 用黑色糖霜畫出框線，等待完全乾燥。

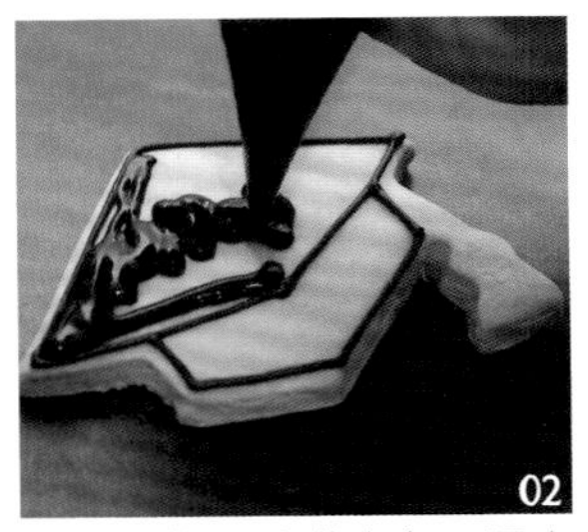
02 用黑色糖霜填滿底色，再次等待乾燥。

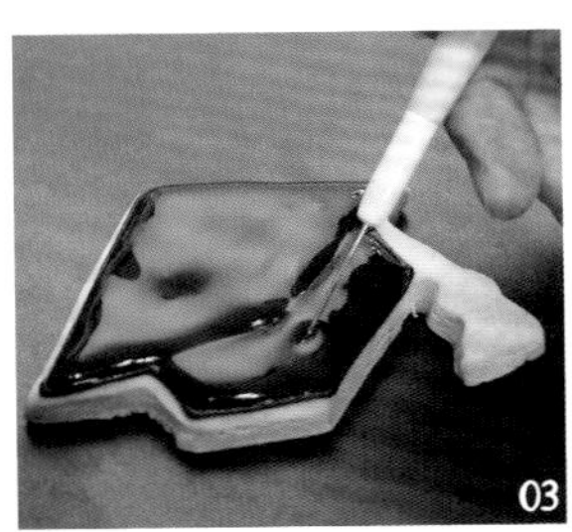
03 用戳針或牙籤戳破氣泡，讓表面糖霜均勻。

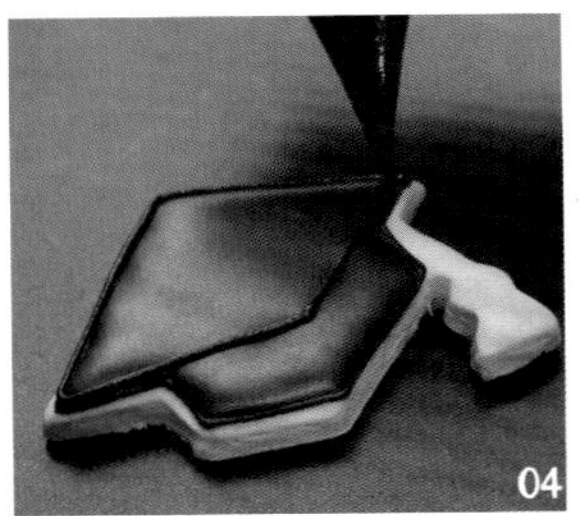
04 用黑色糖霜再次加強框線，等待全部乾燥。

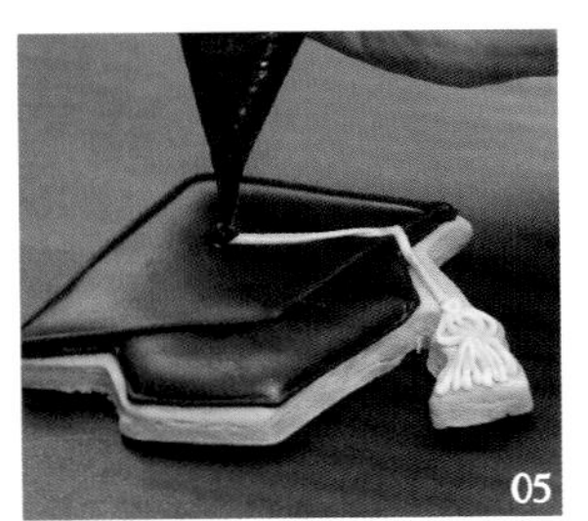
05 分別用黑色、黃色糖霜畫出帽飾，全部乾燥後即完成。

畢業生

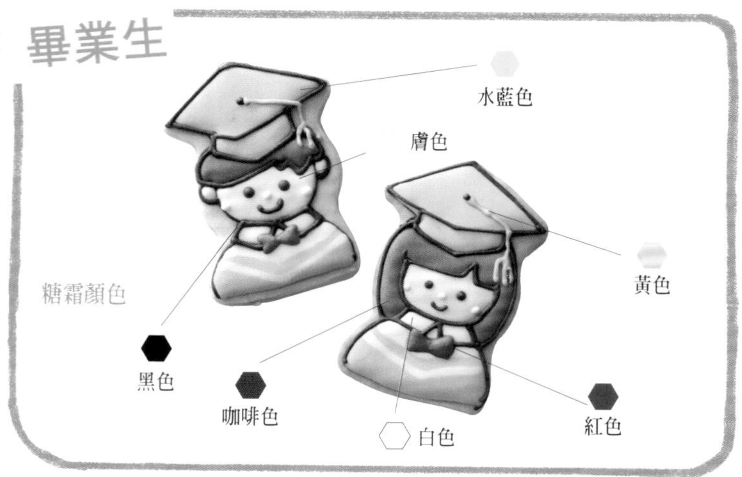

STEP BY STEP

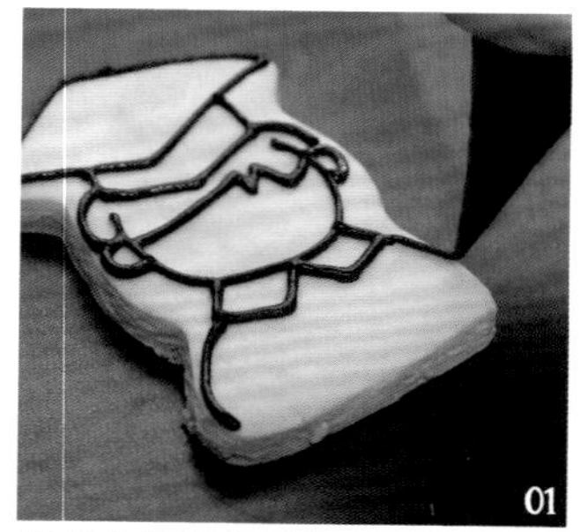

用黑色糖霜畫出框線，等待完全乾燥。

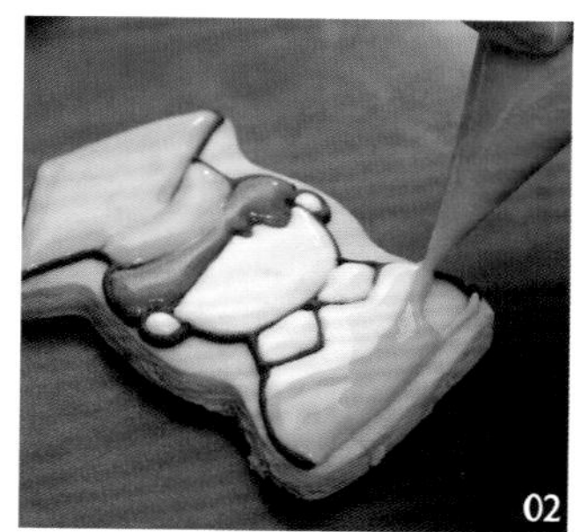

用喜歡的糖霜顏色填滿底色。

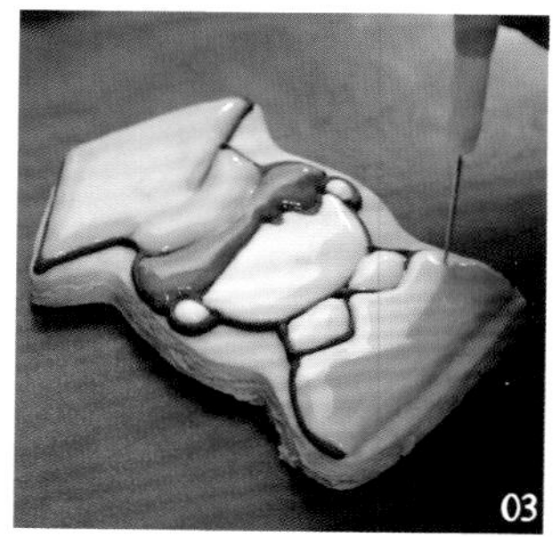

用戳針或牙籤戳破氣泡，讓表面糖霜均勻。

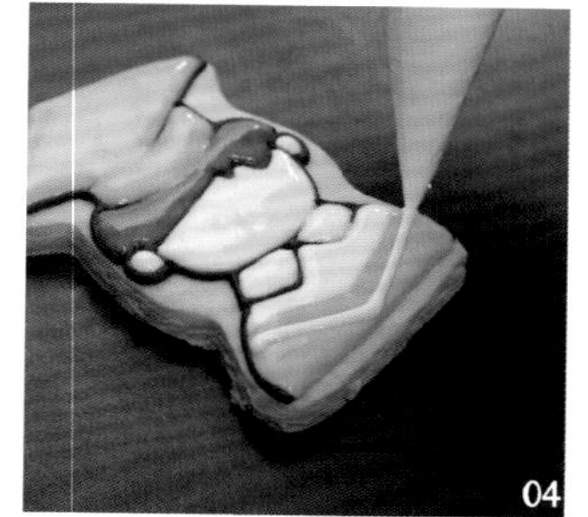

趁糖霜還沒乾，趕快畫上衣服的花樣。

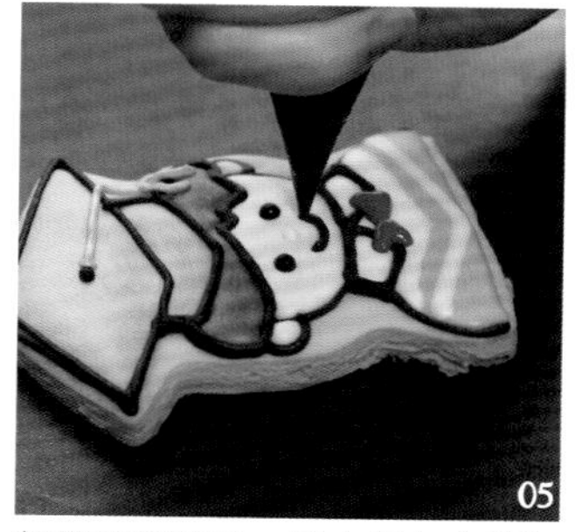

等糖霜都乾了，再次畫上立體框線，最後畫上表情、帽飾等細節，等待全部乾燥就 OK ！

校車巴士

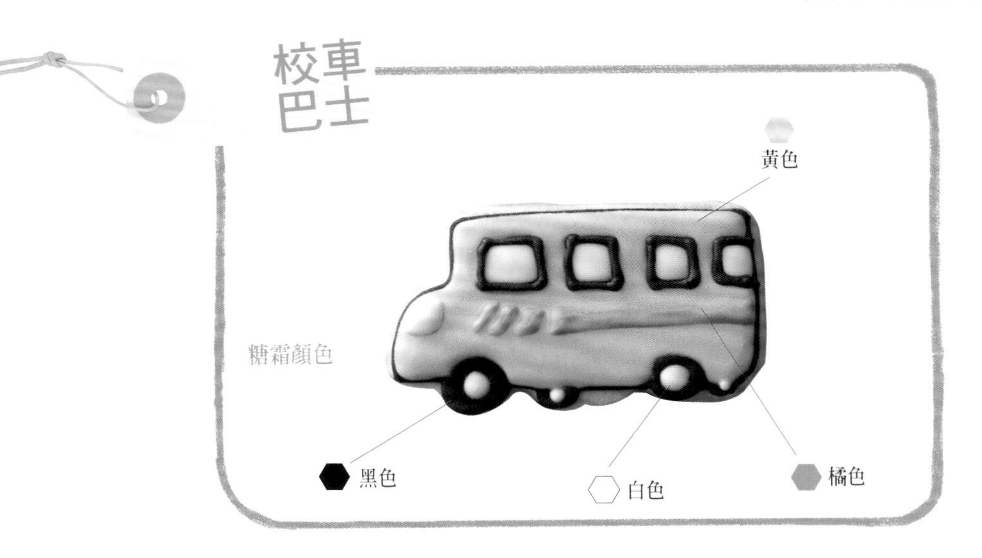

STEP BY STEP

用黑色糖霜畫出框線，等待完全乾燥。

用黃色糖霜填滿車身。

用白色糖霜填滿窗戶、輪胎，等待乾燥。

用黑色糖霜再次加強框線。

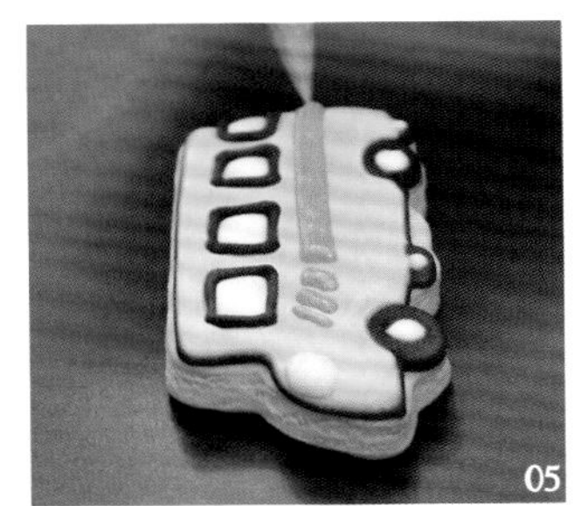

最後畫上車身花紋，等待乾燥就完成啦！

過一個難忘的生日

雖然生日好像會提醒自己
又老了～
不過既然是生日，
大家還是要過得開心點哦！
但別忘記媽媽在這一天是很
辛苦的呢！

禮物

糖霜顏色

白色

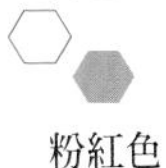

粉紅色

這邊是要模擬綁在禮物包裝上面的緞帶！所以十字交叉的地方不要太中間會更美～

STEP BY STEP

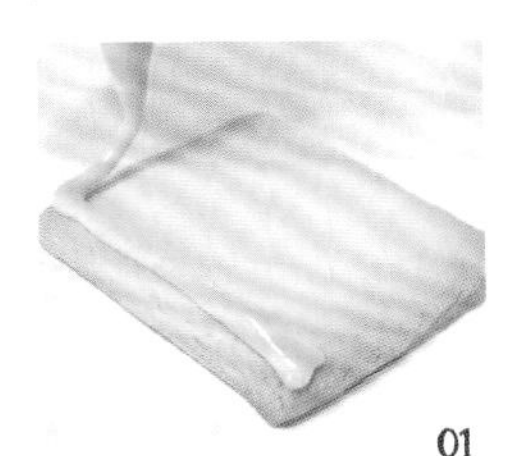

01 先把正方形的框框畫好。

02 不用等乾燥，直接把裡面填滿，然後等待乾燥。

03 以比較硬的白色糖霜，在方形上面畫出十字。

04 最後畫上蝴蝶結，等全部都乾了就完成啦！

每一種蝴蝶結都很美，大家想要哪一種綁法就畫哪一種，這就是畫糖霜最有趣的地方囉！

氣球

糖霜顏色

綠色 灰色

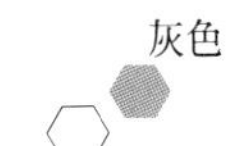

淡綠色 白色

STEP BY STEP

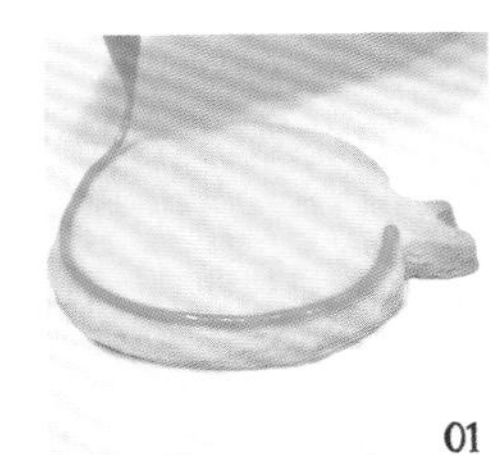

01 先把綠色框描出來，等乾燥再往下畫。

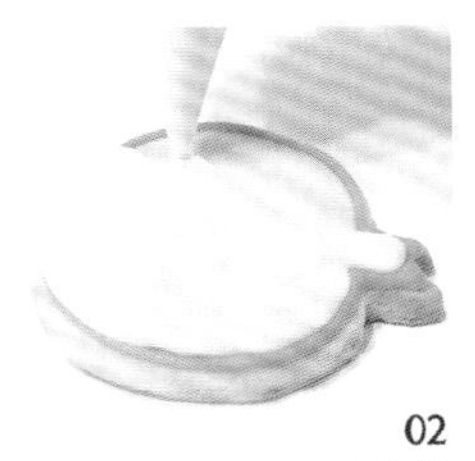

02 等框框都乾了，用淡綠色把裡面填滿。

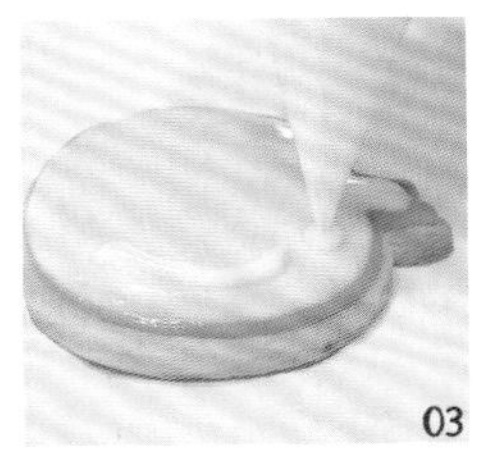

03 趁淡綠色還沒乾的時候，把反光畫上去。

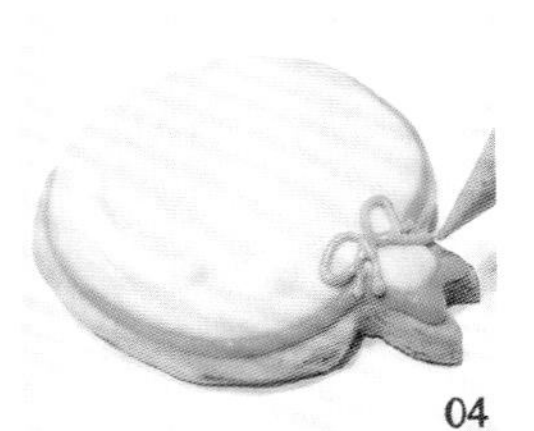

04 接著等糖霜乾燥完畢，把蝴蝶結畫上去，做最後乾燥就 OK 啦！

雙層蛋糕

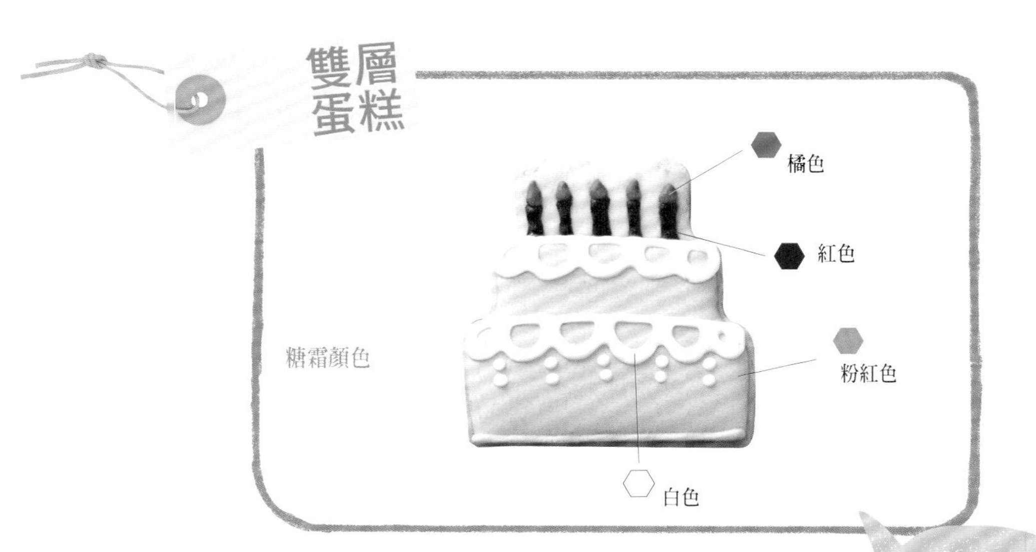

美味的鮮奶油～雖然很容易胖，但還是抵抗不了啊＞＜

STEP BY STEP

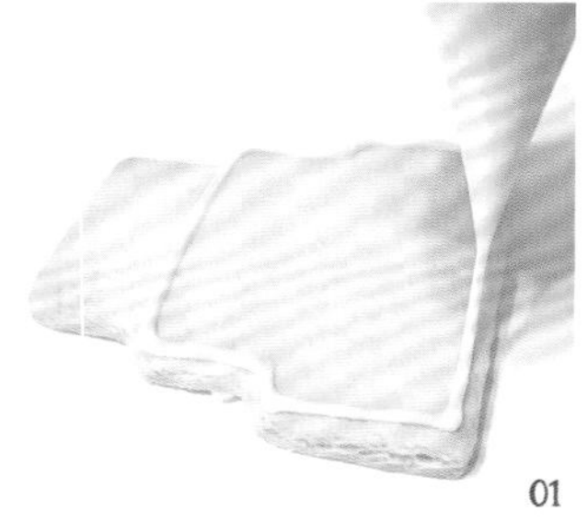

01

用粉紅色糖霜把蛋糕邊框畫出來。

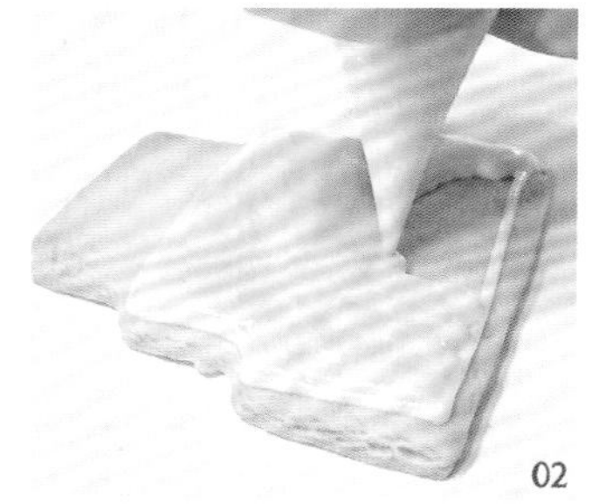

02

等框乾了，用粉紅色把蛋糕裡面塗滿，然後等待乾燥。

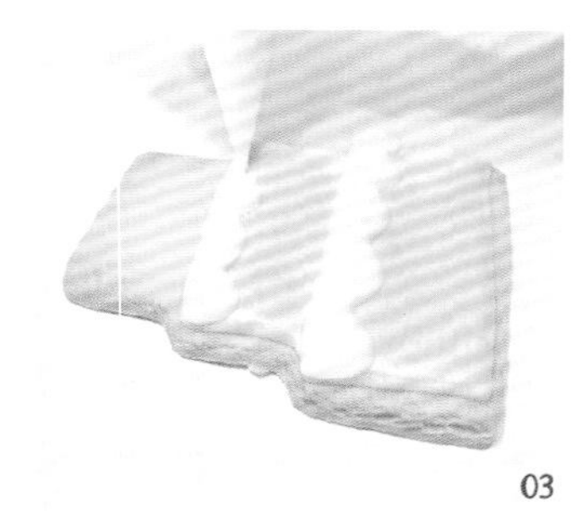

03

接著用白色糖霜把蛋糕的鮮奶油裝飾畫出來。

04

然後等畫好的鮮奶油都乾了，用比較硬的紅色畫蠟燭。

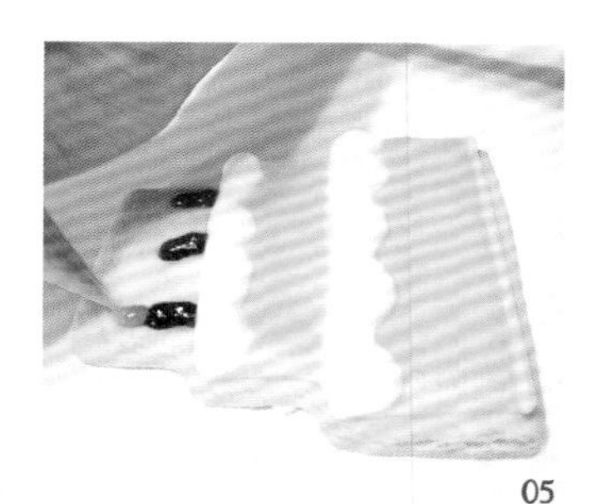

05

最後，等蠟燭乾了，把橘色燭火畫出來後，等乾燥就完成啦！

小丑

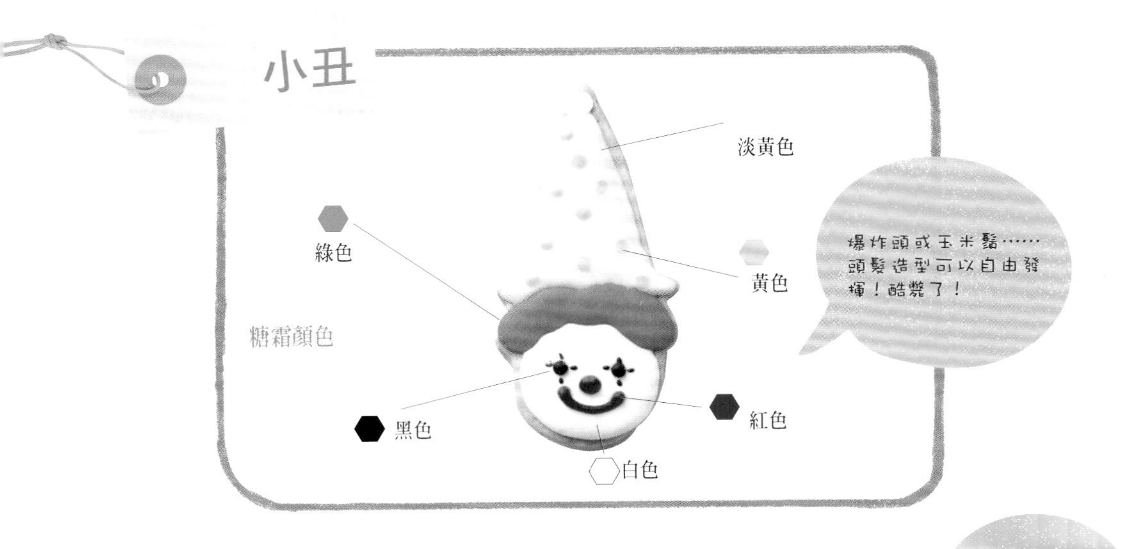

STEP BY STEP

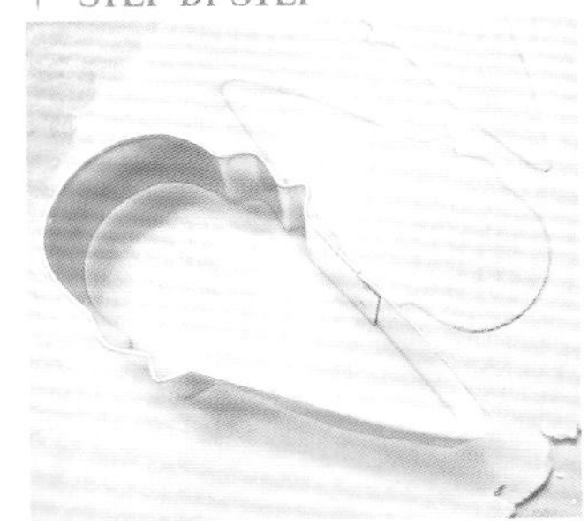

這次用冰淇淋壓模做出小丑。

01

先用綠色把小丑頭髮畫出來，等乾燥再繼續畫。

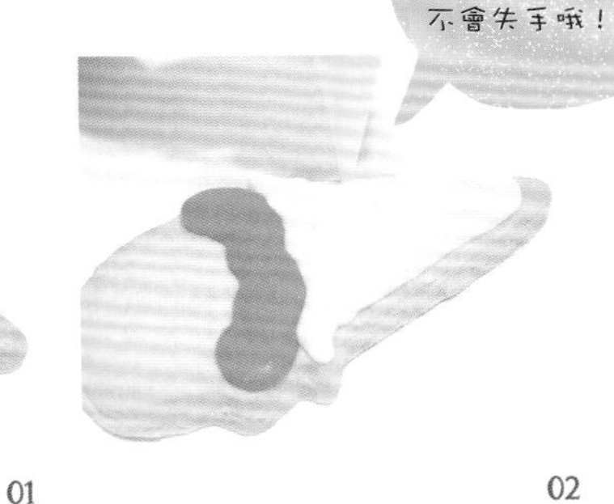

02

等頭髮乾了，用淡黃色把帽子畫好。

03

趁淡黃色糖霜還沒乾，在帽子裡面用黃色點點裝飾。

04

等帽子都乾了，用白色把小丑的臉塗滿。

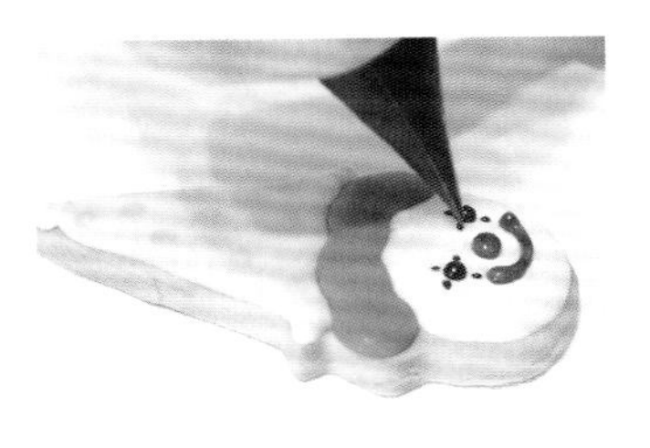

05

等小丑臉上的糖霜都乾了，用紅黑兩色畫表情，就完成了！

噹噹噹～一生一世的豪華婚禮

受到大家祝福的婚禮，
是最棒的！
最近也有好多人結婚呢！
小本希望大家都超幸福～

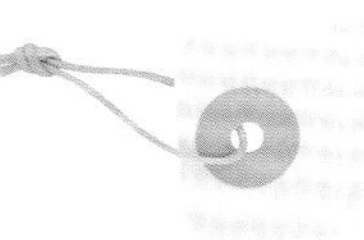

結婚蛋糕

糖霜顏色

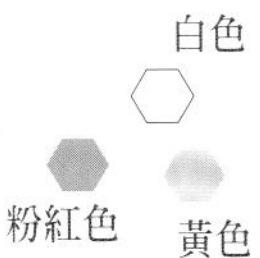

花型彩糖

STEP BY STEP

01 先用黃色糖霜將蛋糕中間那層填滿。

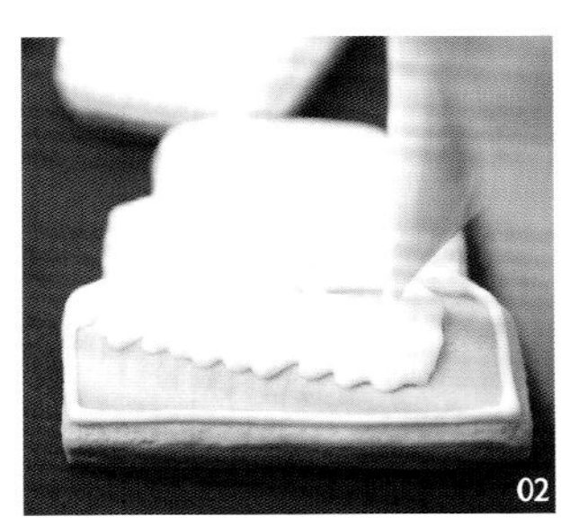

02 接著用白色糖霜將上下兩層蛋糕填滿。

03 趁糖霜還沒乾的時候，放上彩糖，等乾了再往下畫。

04 在剛剛乾燥的糖霜上面，用黃色糖霜拉出立體線條，點上圓點做裝飾。

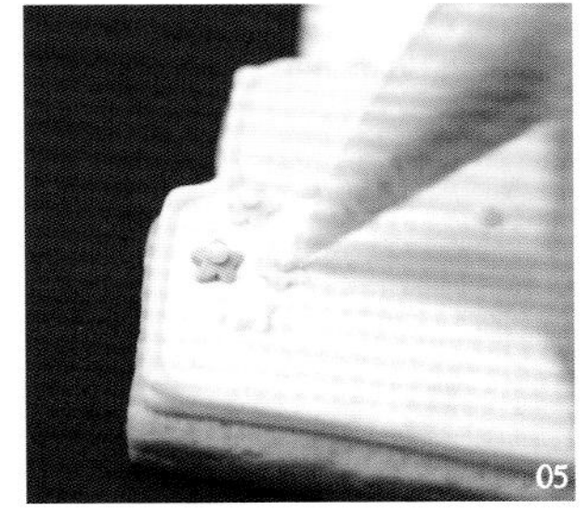

05 最後，用粉紅色糖霜畫出彩糖花朵的花蕊，就是典雅風的結婚蛋糕啦！

除了典雅風，小本也喜歡華麗風的婚禮蛋糕，用和新娘蕾絲同樣的圖案來幫蛋糕做裝飾，也很別緻哦！

新郎

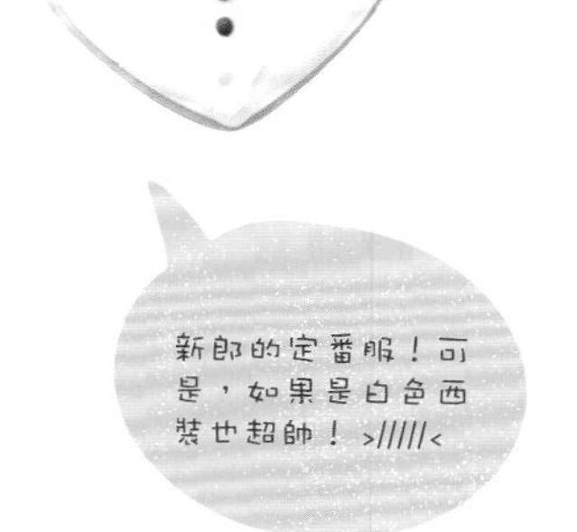

STEP BY STEP

用黑色糖霜畫出西裝輪廓，均勻地塗滿。

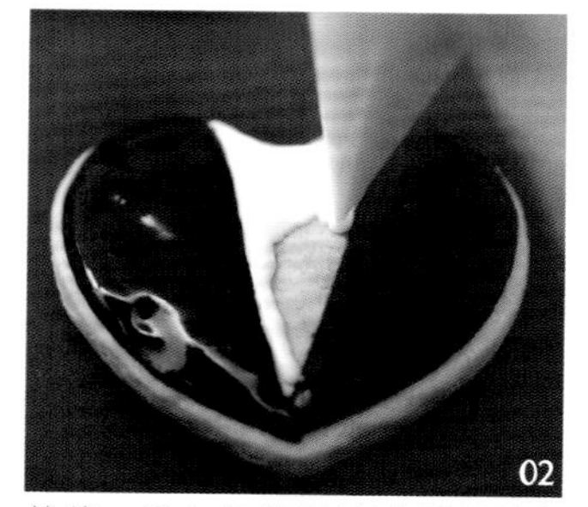

然後，用白色糖霜填滿襯衫的部分。

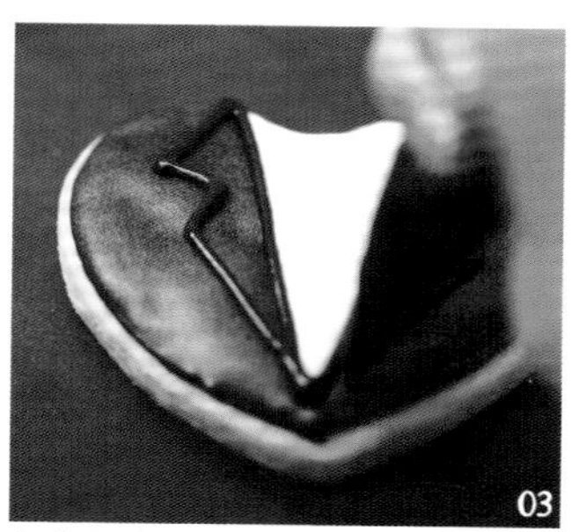

在乾了的襯衫上，用黑色畫出西裝領子的立體線條。

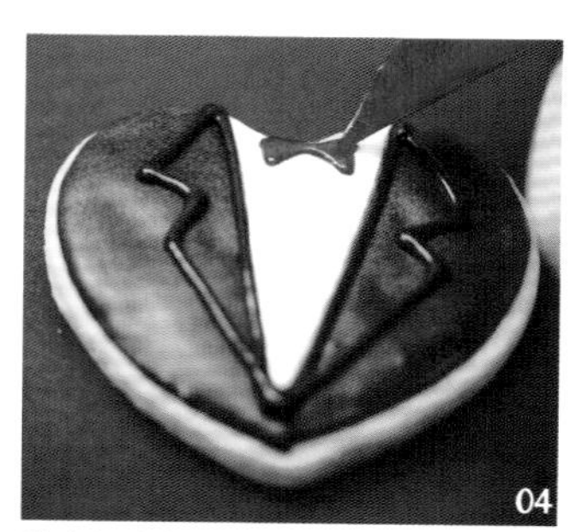

點上紅色糖霜的領結。

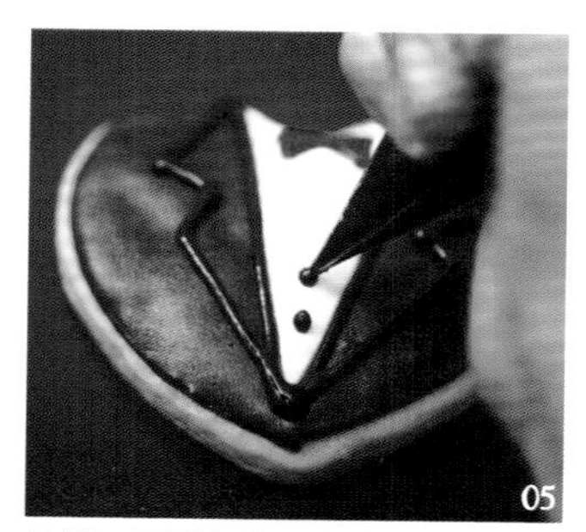

最後，用黑色糖霜畫出釦子，就可以進行最後乾燥囉！

新娘

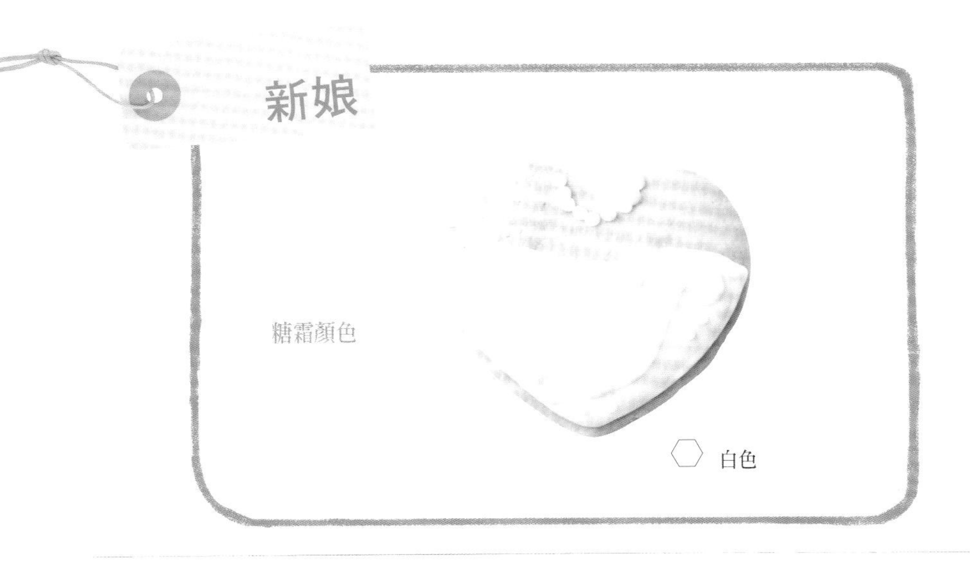

STEP BY STEP

先在心形餅乾頂端點上珍珠項鍊，再從下方 1/3 的位置畫出婚紗輪廓，把裡面塗滿後等乾燥。

如果想要讓婚紗更華麗，可以在蕾絲圖案還沒乾時，灑上砂糖，拍掉多餘的糖粒，效果也很棒哦！

在乾燥的底圖上，畫婚紗的立體線條。

最後，把婚紗最夢幻的蕾絲畫好，全部乾燥就完成囉！

媽媽要出門了

味道一級棒的家常菜，
一塵不染的居家環境，
牽著我上學的溫暖雙手，
就是偷偷藏在記憶中，
母親的味道。

皮包

糖霜顏色

黃色 水藍色 黑色

STEP BY STEP

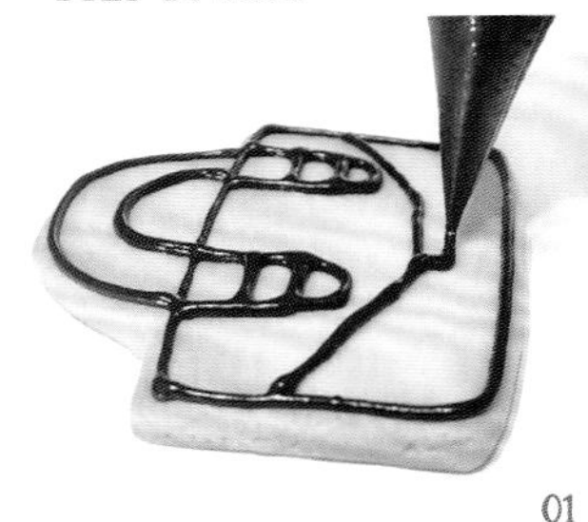

01

先用黑線把皮包的框框畫出來，等乾燥再繼續畫。

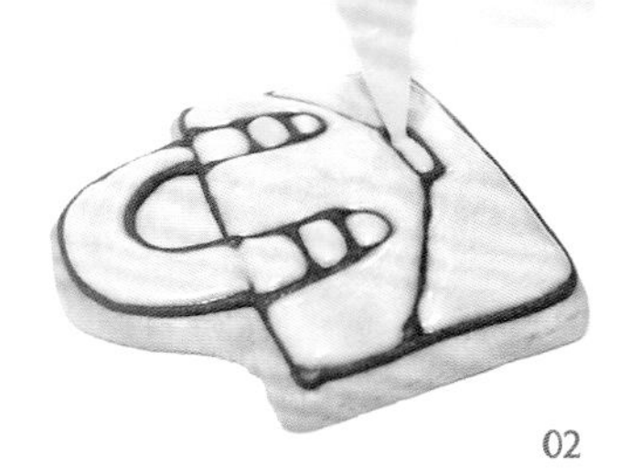

02

最後用水藍色和黃色填入框框裡面，等全部乾燥就完成囉！

用糖霜餅乾給媽媽做一個名牌包包，既可愛又好有誠意。

口紅

糖霜顏色

紅色 黑色

STEP BY STEP

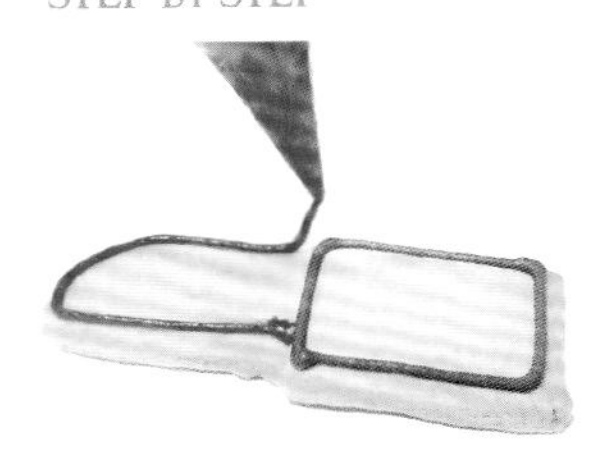

01

先用黑色、紅色的糖霜，把口紅的框框都描出來。

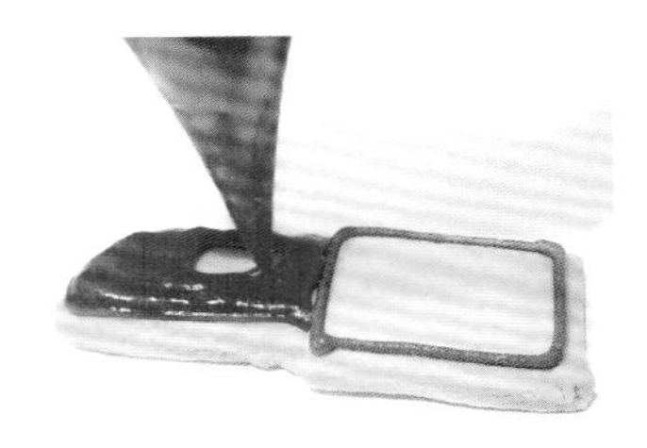

02

等乾燥以後，用紅色、黑色糖霜把裡面都塗滿。

03

等糖霜都乾了，再用紅色、黑色糖霜把裝飾的線條畫出來，就是一支漂亮的口紅啦！

帽子

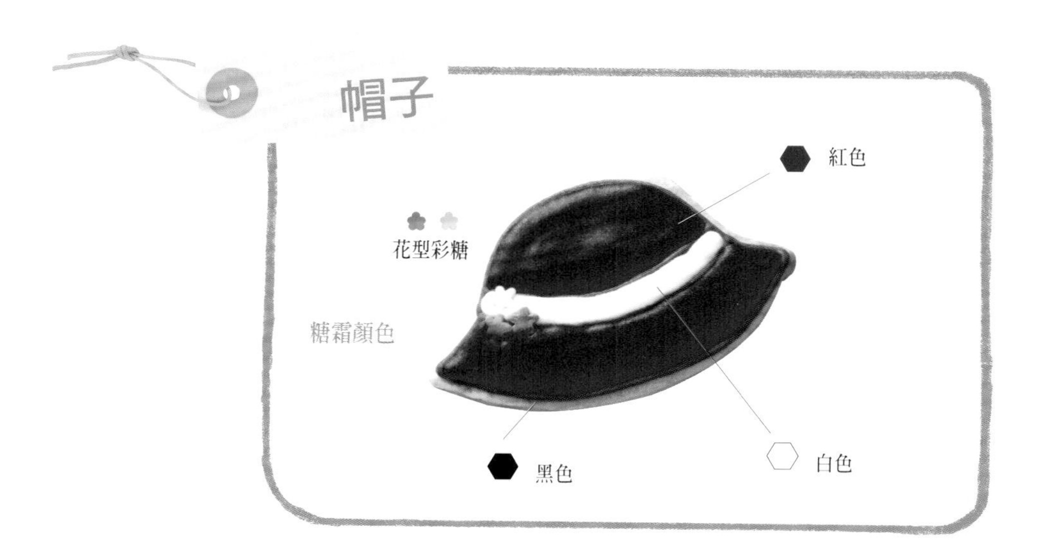

STEP BY STEP

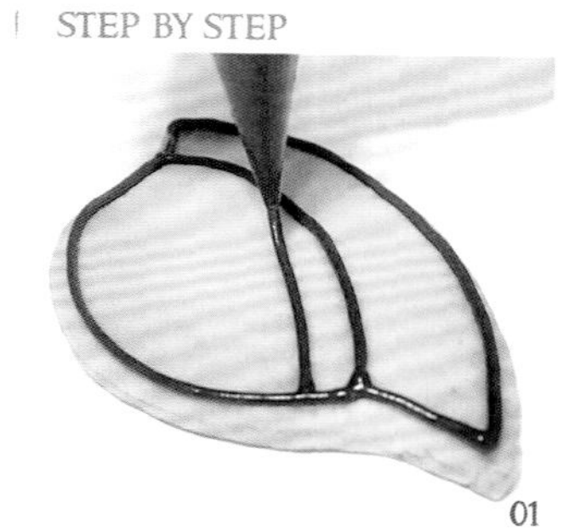

01

先用黑色糖霜畫出帽子的框線，等乾燥再往下畫。

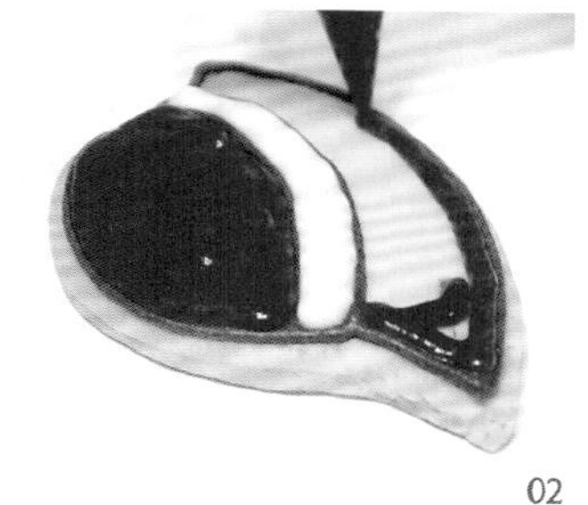

02

用白色糖霜畫出帽子上的緞帶，再用紅色塗滿帽緣。

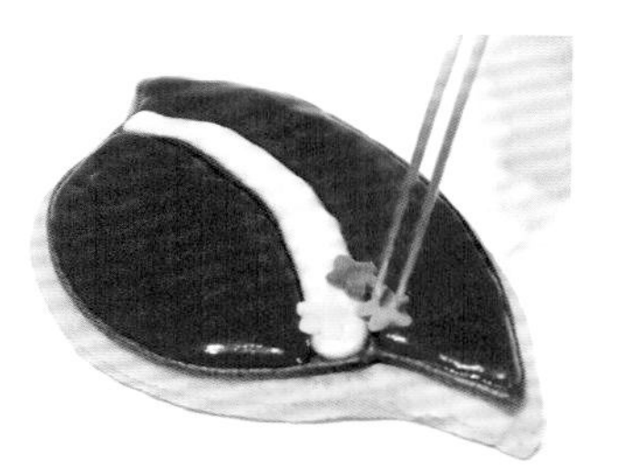

03

最後，把花型彩糖放上去，等全部都乾了就 OK 啦！

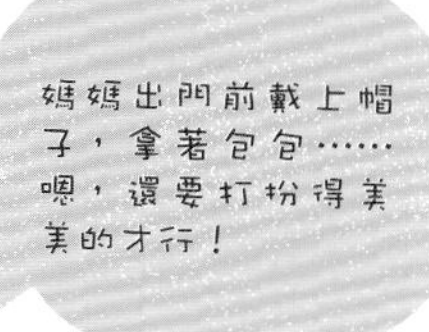

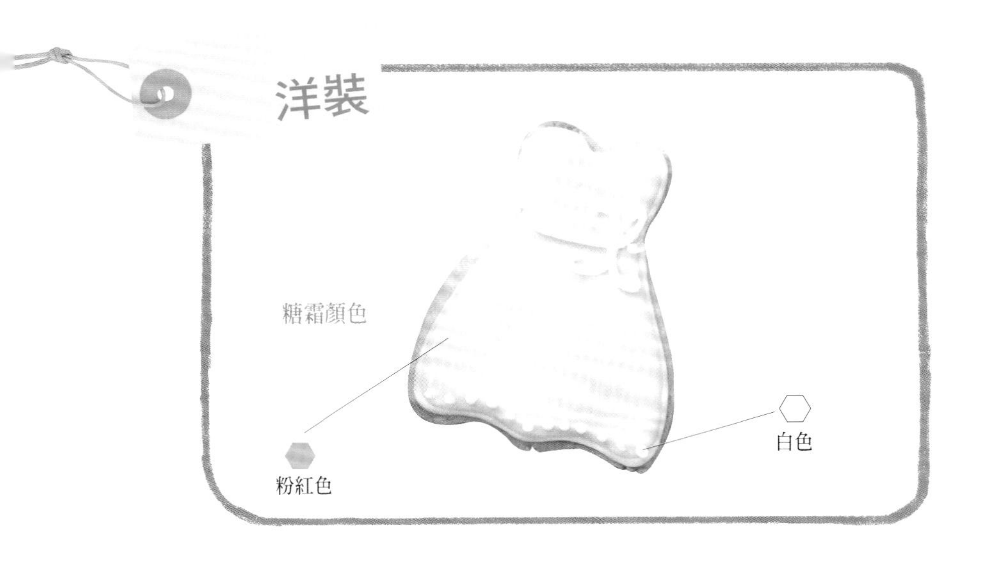

STEP BY STEP

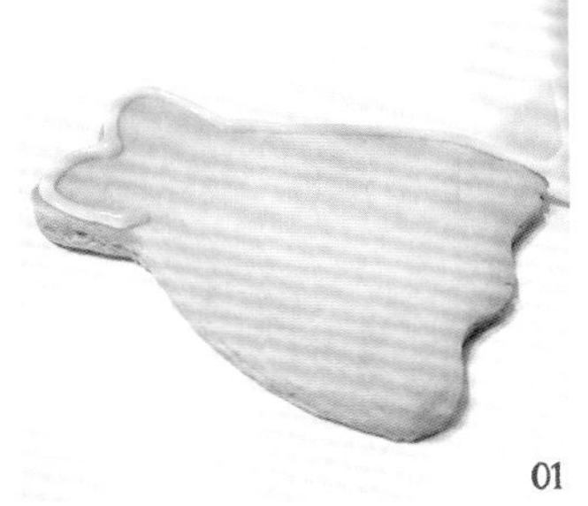

01 先用粉紅色描出洋裝框框，等乾了再繼續畫哦！

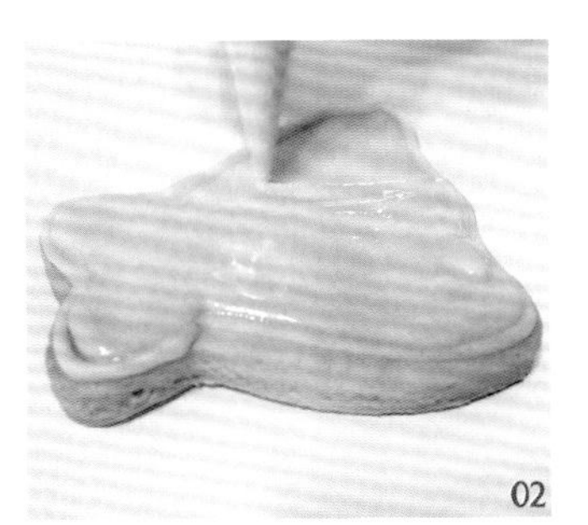

02 用粉紅色把框框裡面塗滿，再等乾燥。

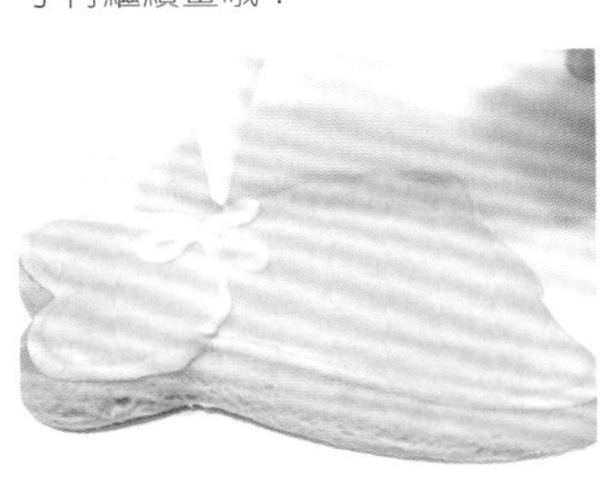

03 畫出粉紅色洋裝上面的白色蝴蝶結。

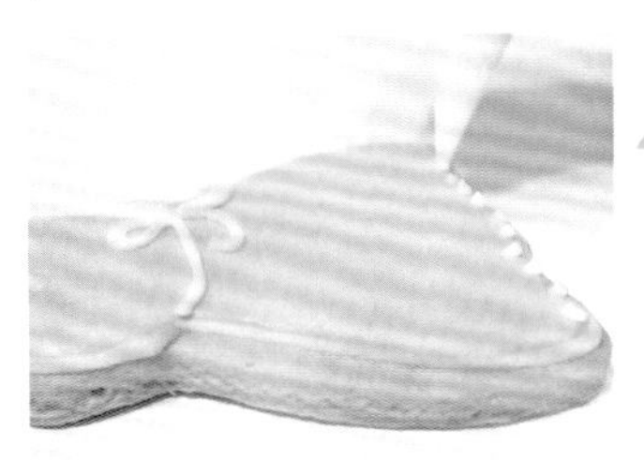

04 最後，再用白色糖霜裝飾裙襬，等全部乾了就完成囉！

在裙襬上畫點點，或在裙子上面畫自己喜歡的圖樣，都可愛到不行耶～

嚴肅又可靠的爸爸！

爸爸有嚴肅的樣子，
可是有時候也會
有可愛的一面～
大家記憶中的爸爸，
是什麼樣子的呢？

菸斗

糖霜顏色

淺咖啡色　黑色　深咖啡色　白色

STEP BY STEP

01

用黑色糖霜把菸斗的框線畫出來，等乾燥再繼續畫。

02

在框線乾燥後，用淺咖啡色糖霜把裡面塗滿，但菸草的部分只要畫一圈哦！

03

快～趁淺咖啡色糖霜還沒乾，用深咖啡色糖霜填滿菸草裡面。

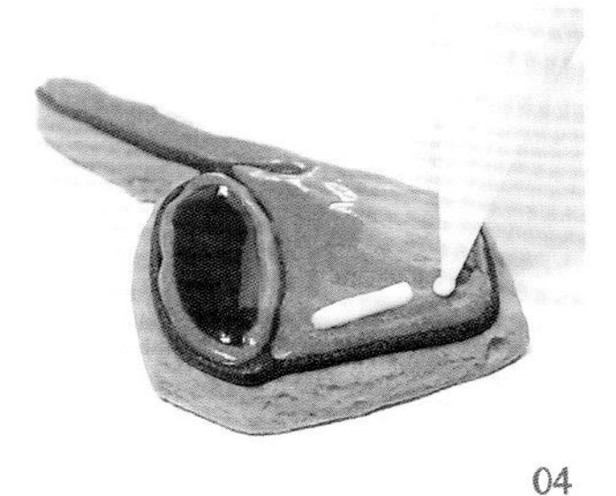

04

最後，用白色糖霜畫出反光，乾燥後就完成囉！

領帶

糖霜顏色

深藍色　淺藍色

STEP BY STEP

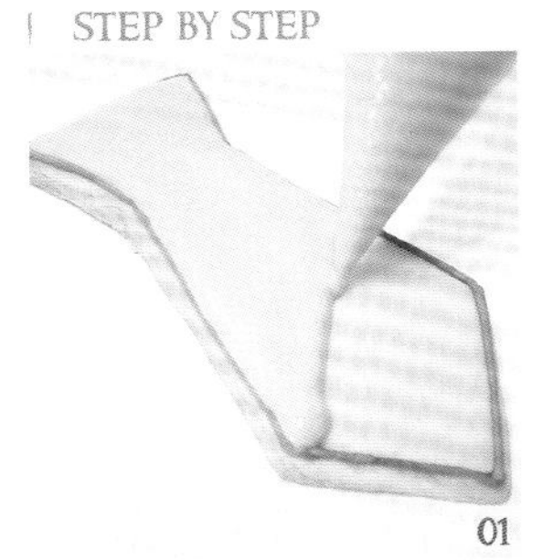

01

先用深藍色畫出領帶框線，等乾了之後，再用淺藍色塗滿。

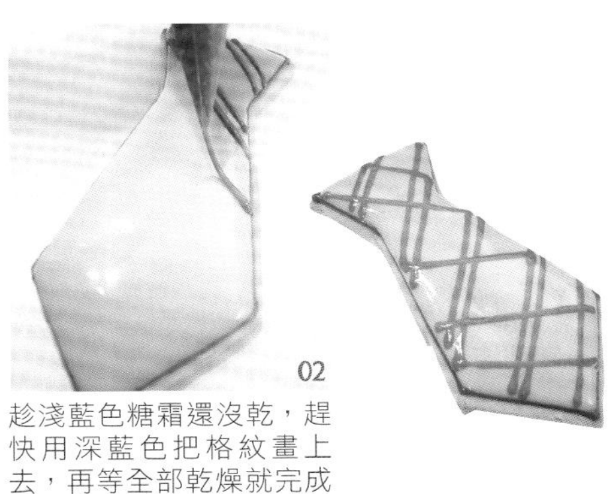

02

趁淺藍色糖霜還沒乾，趕快用深藍色把格紋畫上去，再等全部乾燥就完成啦！

汽車

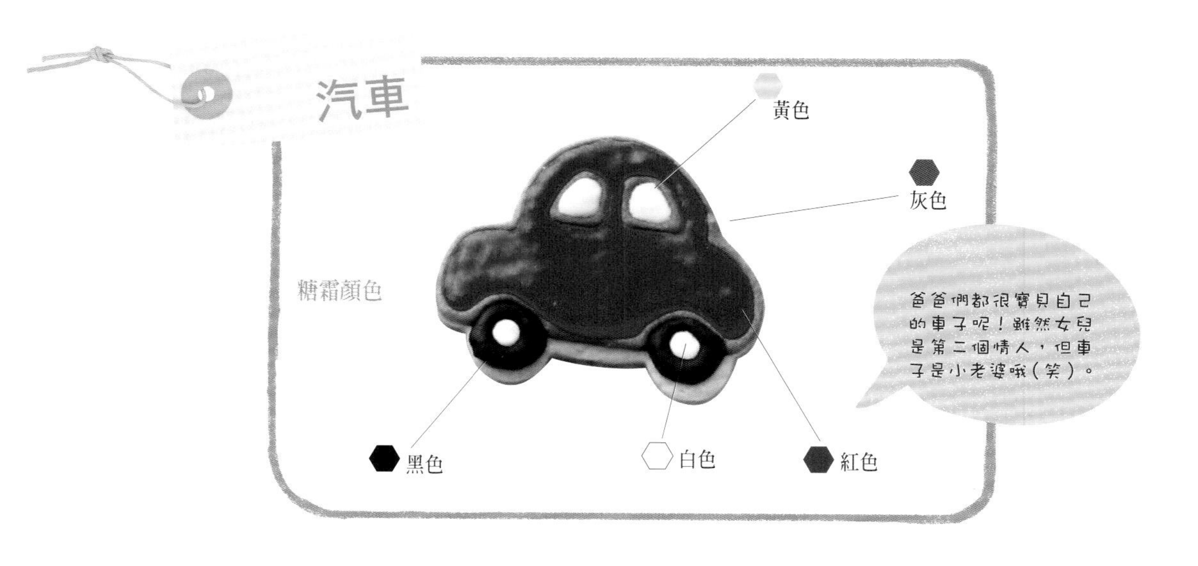

STEP BY STEP

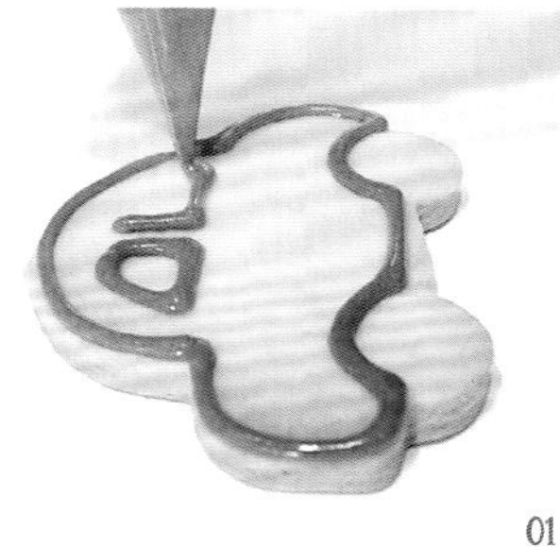

01

用灰色糖霜勾出汽車的框線，等乾燥再畫哦！

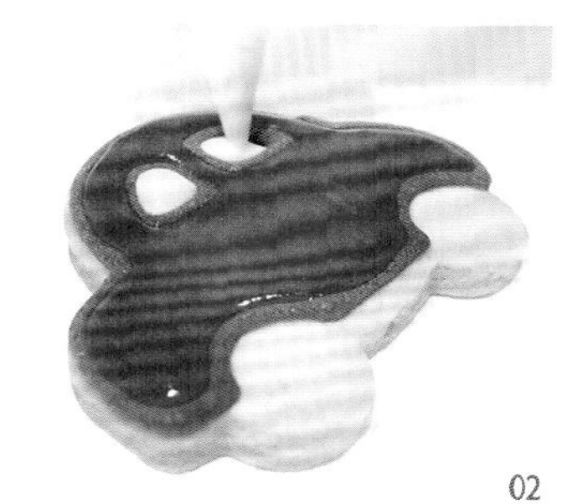

02

當框線完全乾燥後，再以紅色與黃色糖霜，塗滿汽車和窗口。

03

用黑色糖霜把輪胎畫上去，注意中間要留一個小洞！

04

最後，用白色糖霜填滿輪胎中間的洞，等全部乾燥就完成了！

襯衫

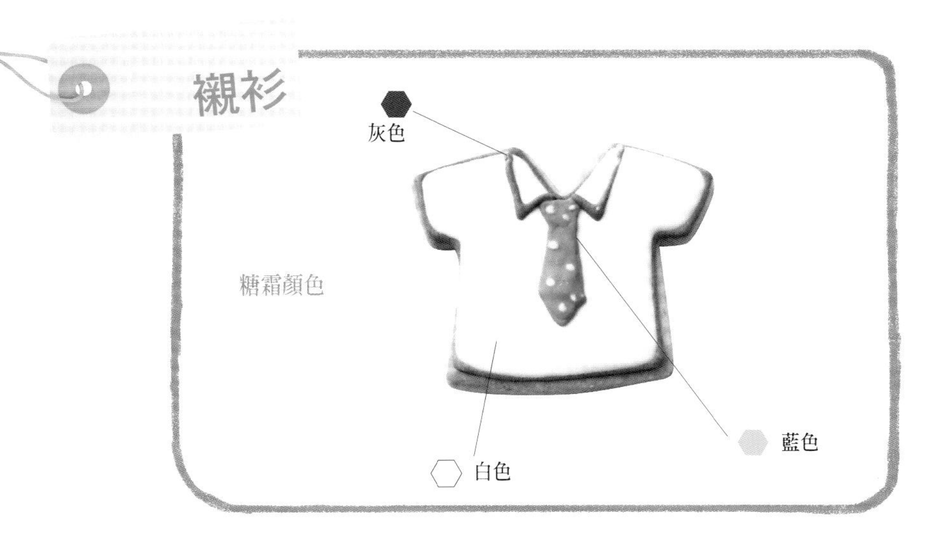

STEP BY STEP

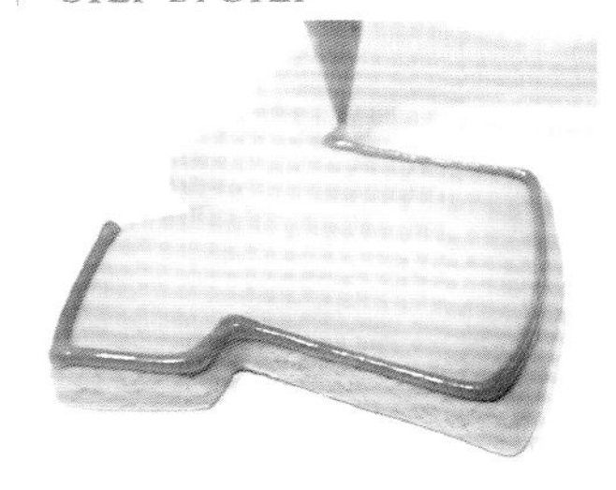

01 先用灰色糖霜把襯衫的框框畫出來。

02 灰線乾了以後，塗滿白色糖霜，再次等待乾燥。

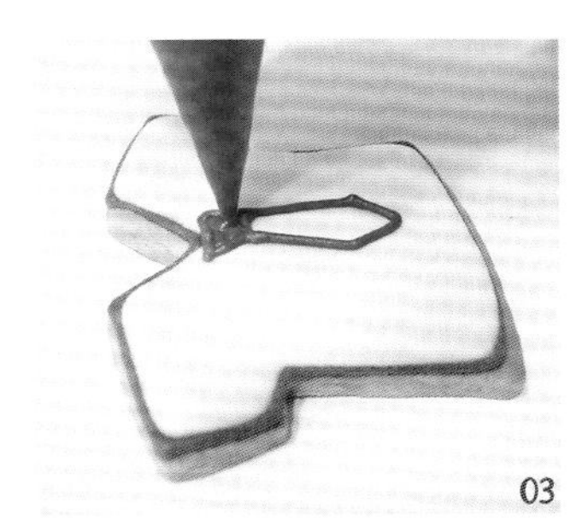

03 用藍色糖霜畫上領帶邊框，再把裡面塗滿。

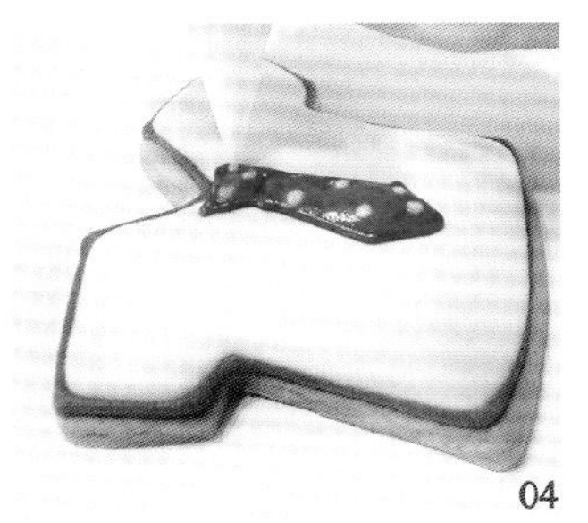

04 趁領帶的糖霜還沒乾，趕快用白色糖霜點上圓點。

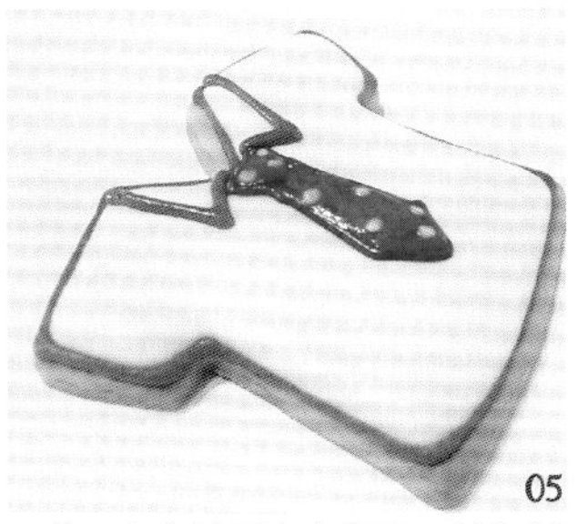

05 最後用灰色糖霜畫上領子，等全部都乾了就ＯＫ啦！

參加萬聖節的盛大宴會

嘿嘿！要恐怖也要可愛～
大家一起去敲敲門要糖吃，
開一個萬聖節的 PARTY，
一定很好玩！

骷髏

糖霜顏色  白色 黑色

在恐怖片裡面，骷髏常常都是從墓地爬出來，一隻手、兩隻手……天哪！光想像就很嚇人耶！

STEP BY STEP

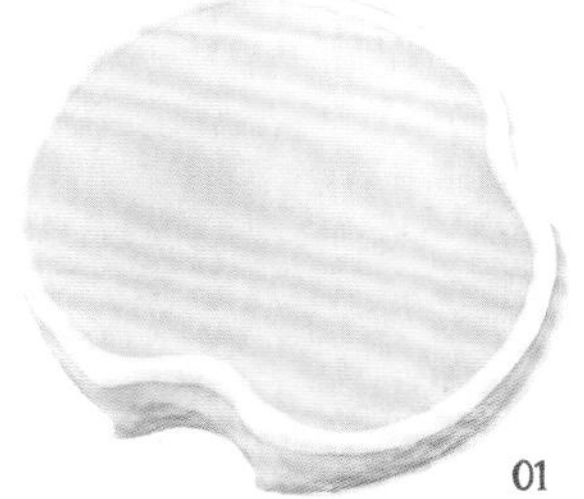

01 用白色糖霜把骷髏邊框畫好，記得要等乾燥喲！

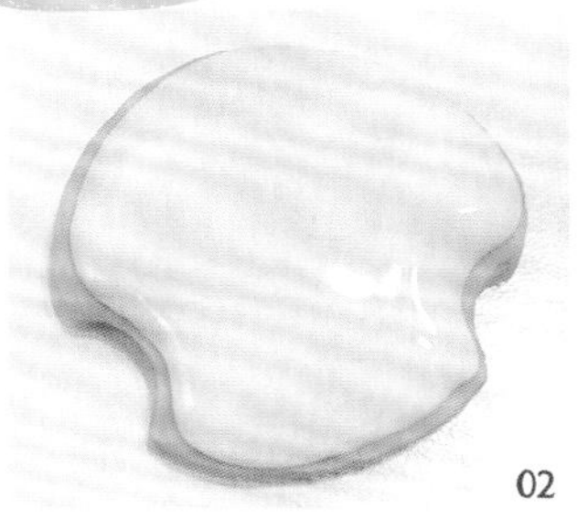

02 用白色糖霜塗滿骷髏的臉，一樣要等乾再畫。

03 用黑色糖霜畫上表情，等全部乾燥就 OK 啦！

吸血鬼

糖霜顏色 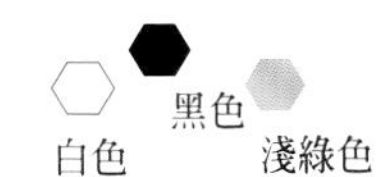 白色 黑色 淺綠色

STEP BY STEP

01 在烤好的圓餅乾上畫頭髮，等邊框乾了再畫哦！

02 等頭髮都乾了，用淺綠色畫好吸血鬼的臉，再次乾透。

03 最後，用黑色畫上眼睛、嘴巴，淺綠色點上鼻子，再用白色畫上牙齒，哇～吸血鬼完成啦！

墓碑

糖霜顏色

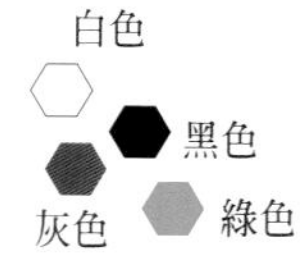

畫墓碑餅乾時，最好不要寫名字上去耶～這樣很像在詛咒人，有點小恐怖哦！

STEP BY STEP

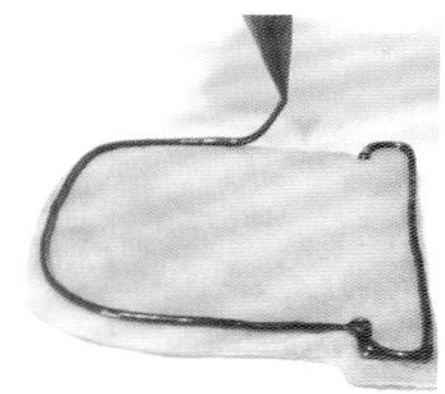

01

先用黑色糖霜描好墓碑的框線哦！

02

黑框乾了以後，用灰色糖霜把墓碑塗滿，等乾燥再繼續畫。

03

用黑色糖霜寫上墓碑的字。

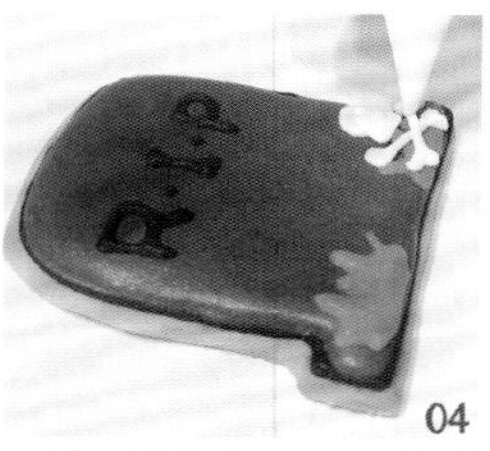

04

最後，用綠色、白色糖霜畫草叢與白骷髏，全部都乾了就 OK 啦！

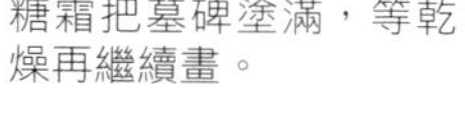

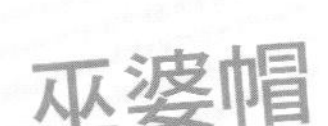

巫婆帽

糖霜顏色

辦萬聖節 PARTY 時，巫婆帽很受歡迎的～還有蕾絲巫婆帽、夜光巫婆帽、蜘蛛網巫婆帽……下次來挑戰看看！

STEP BY STEP

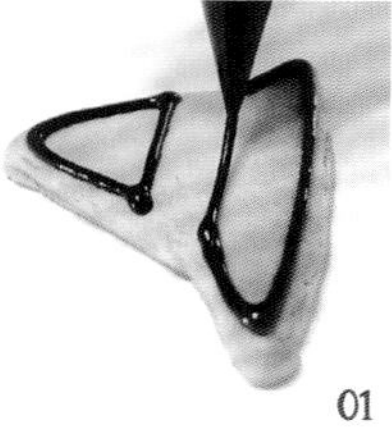

01

用黑色糖霜把帽子輪廓畫出來。

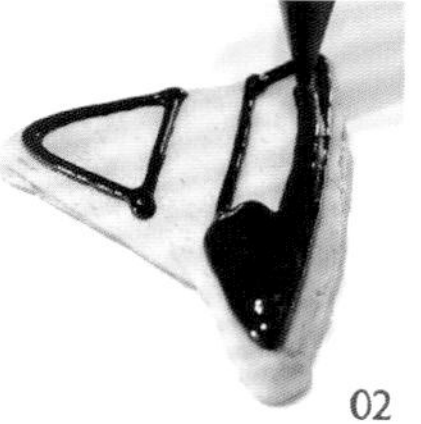

02

這次不用等乾，趕快把裡面塗滿，然後都乾了再往下畫。

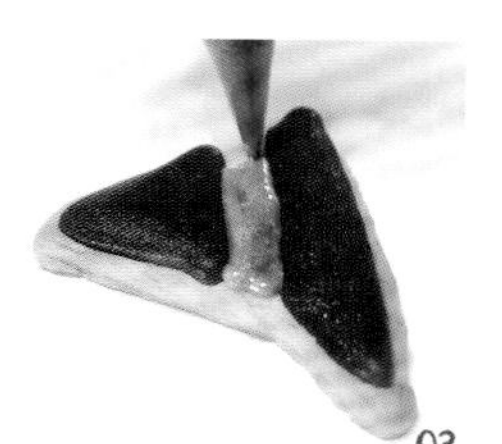

03

最後，用紫色糖霜把帽子緞帶的地方塗滿，全部都乾了就 OK 啦！

STEP BY STEP

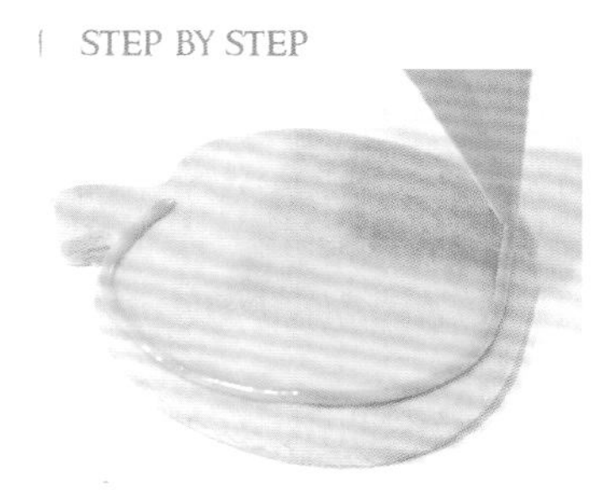

01
用橘色畫出南瓜的框框，莖的地方先不用畫。

02
這次不用等乾燥，趕快用橘色繼續把裡面塗滿。

03
趁橘色還沒乾，趕快用黑色糖霜畫上表情。

04
表情都乾了以後，用綠色畫上梗，全部乾燥後就完成啦！

呵呵呵，
聖誕老公公來囉！

叮叮噹～叮叮噹～
小時候都會幻想聖誕老公公出現在床邊，
把禮物偷偷放進床底下之類的……
如果真的有聖誕老公公的話，超酷的耶！

小雪人

糖霜顏色

- 黑色
- 白色
- 綠色
- 紅色
- 藍色
- 橘色
- 咖啡色

01

用黑色糖霜畫出紳士帽，等乾燥再畫哦！

02

綠色糖霜裝飾紳士帽，再用白色糖霜把身體畫框後塗滿，然後等待乾燥。

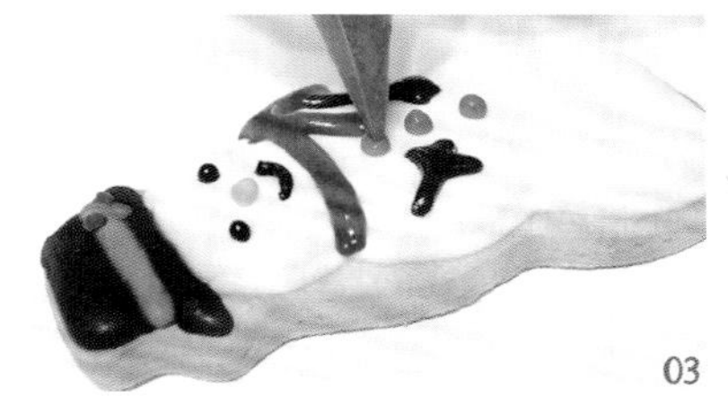

03

用黑色和橘色畫微笑表情，用紅色幫雪人繫好圍巾，再扣上藍色鈕子，畫上咖啡色樹枝雙手，等全部乾燥，就完成啦！

因為住亞熱帶，沒有什麼堆雪人的經驗，只好用畫糖霜滿足我小小的心願 ><

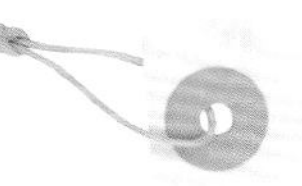

聖誕樹

STEP BY STEP

糖霜顏色

- 白色
- 黃色
- 綠色
- 紅色
- 咖啡色

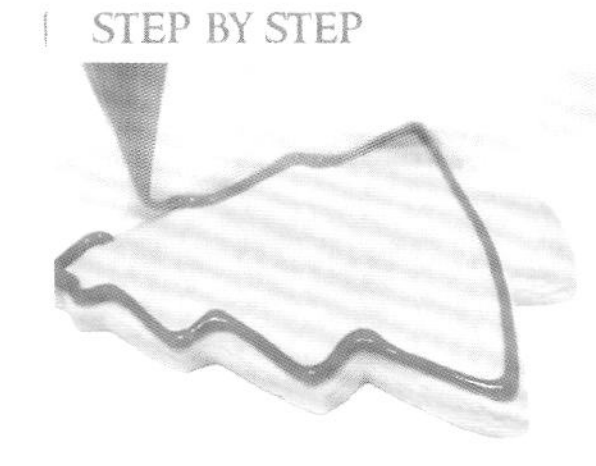

01

先用綠色把聖誕樹的框框畫好，樹枝等等再畫。

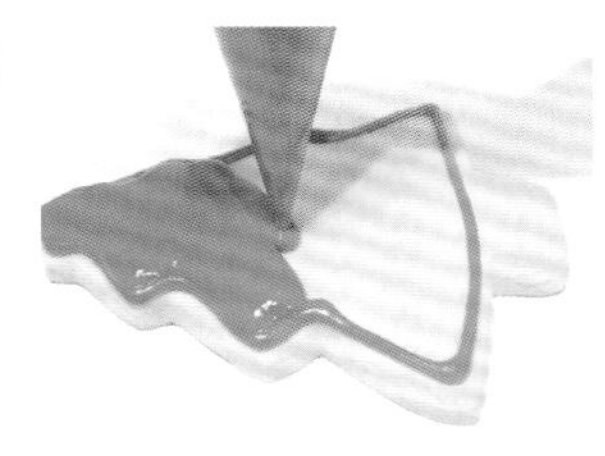

02

等框框乾了，繼續用綠色填滿。

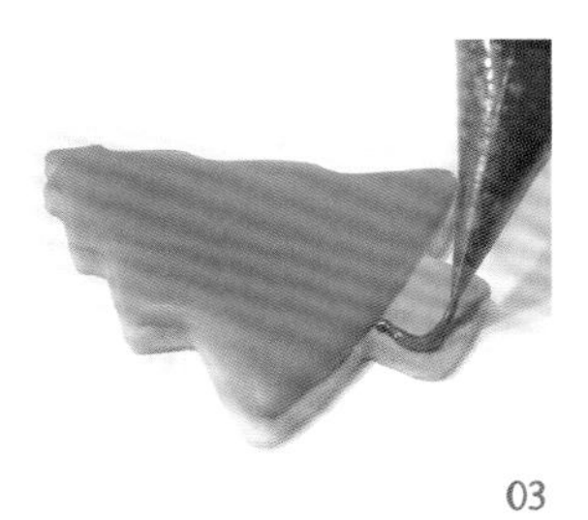

03

綠色糖霜都乾了以後，用深咖啡色糖霜畫出樹幹。

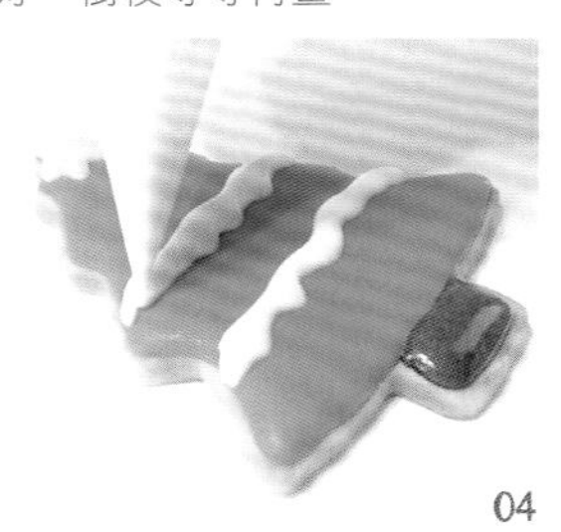

04

用白色、黃色糖霜，畫出樹枝的落雪與樹頂上的星星。

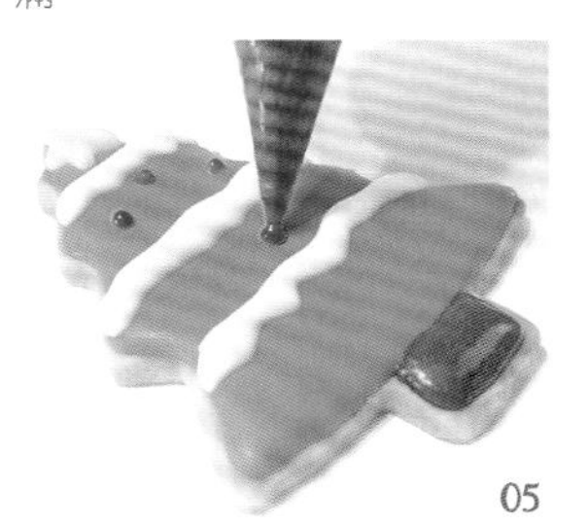

05

最後，在樹上點綴紅色珠珠，等全部乾燥就完成囉！最後，在樹上點綴紅色珠珠，等全部乾燥就完成囉！

聖誕老公公

糖霜顏色

黑色
白色
紅色
膚色
粉紅色

01
用白色糖霜畫出帽沿和鬍子，等乾燥再畫。

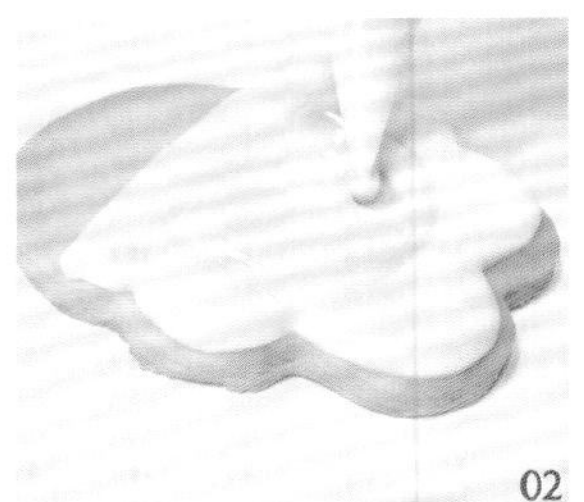

02
把膚色填滿聖誕老人的臉部，趁還沒乾的時候，點上粉紅色腮紅。

03
等鬍子和臉都乾了，用紅色糖霜畫帽子，一樣等乾燥再繼續。

04
最後，用黑色糖霜點上眼睛，白色畫八字鬍，就可以做最後乾燥囉！

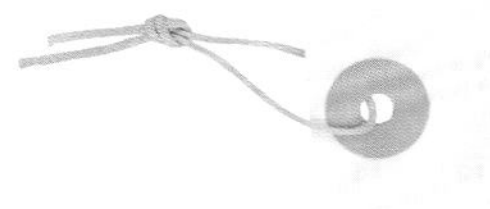

星星

STEP BY STEP

糖霜顏色　黃色

其他材料　細砂糖

要是不想畫框的話，也可以改成畫別的圖樣或顏色，一樣趁沒乾時用細砂糖裝飾哦！

01
用黃色糖霜把星星框線畫出來，等乾燥再往下畫。

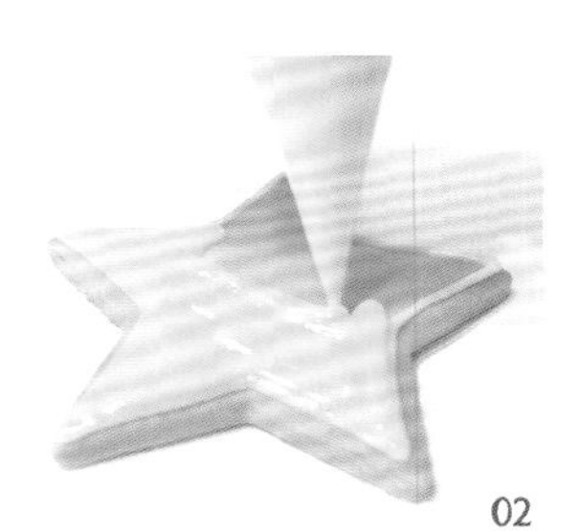

02
用黃色糖霜把星星塗滿，一樣等乾了再畫。

03
把邊框再描一次，增加星星的立體感。

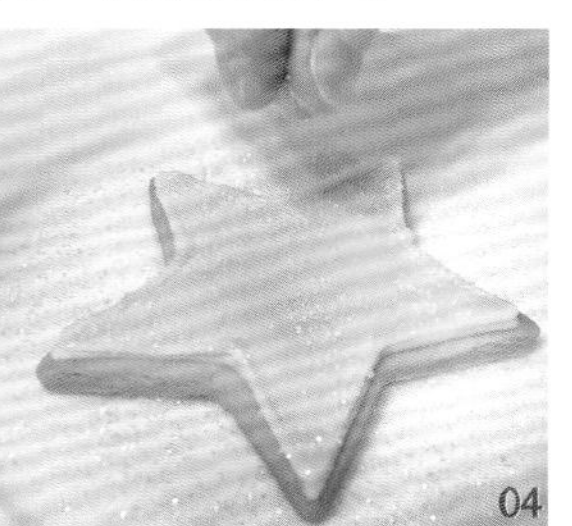

04
趁框線還沒乾，趕快灑上細砂糖裝飾。

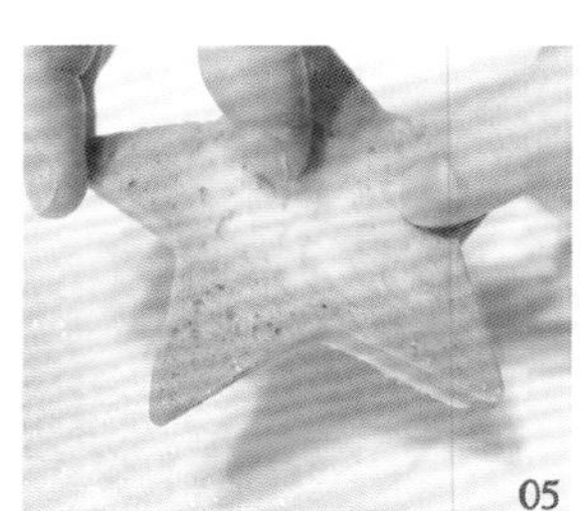

05
把星星翻面，拍掉多餘的糖粒，等最後乾燥就ＯＫ囉！

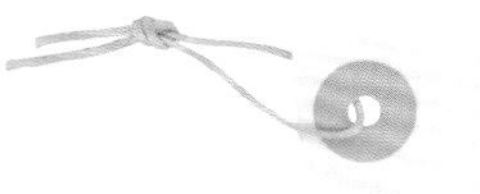

薑餅人

糖霜顏色

黑色
紅色
藍色
褐色

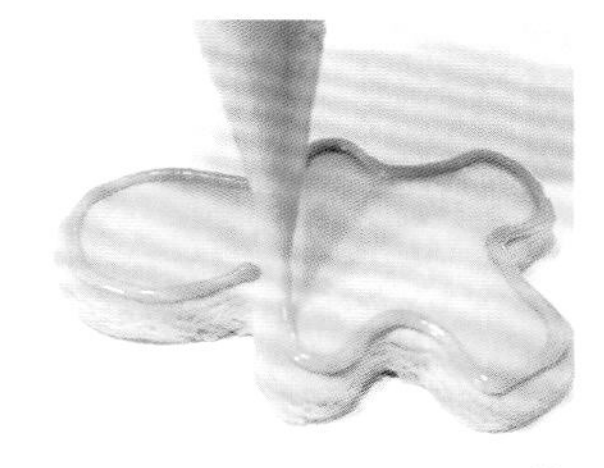

01
用褐色糖霜描好薑餅人的框，等乾了再畫。

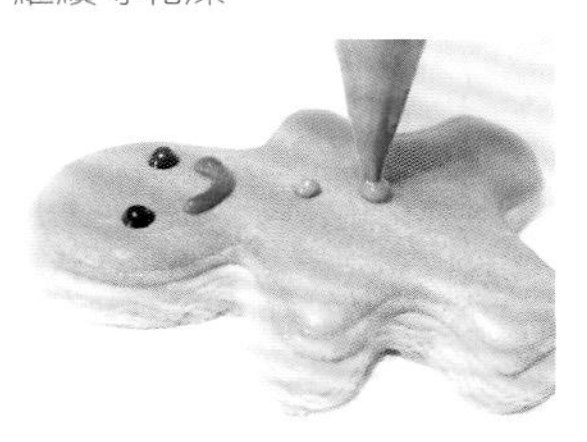

02
接著，用褐色把裡面塗滿，繼續等乾燥。

在《史瑞克》裡面，薑餅人超受歡迎的，我也超喜歡可愛的薑餅人，幫他畫了女朋友，這樣就不會孤單了（笑）！

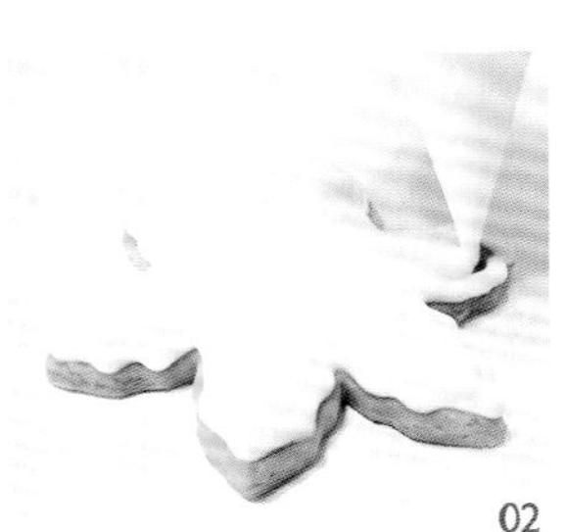

03
用黑色、紅色畫微笑表情，藍色畫上鈕子，等全部都乾了，就是薑餅人啦！

雪花

STEP BY STEP

糖霜顏色 白色
淺藍色

其他材料 細砂糖

01
用白色糖霜描好雪花的框，乾了再往下畫哦！

02
把雪花裡面都填滿，再繼續等乾。

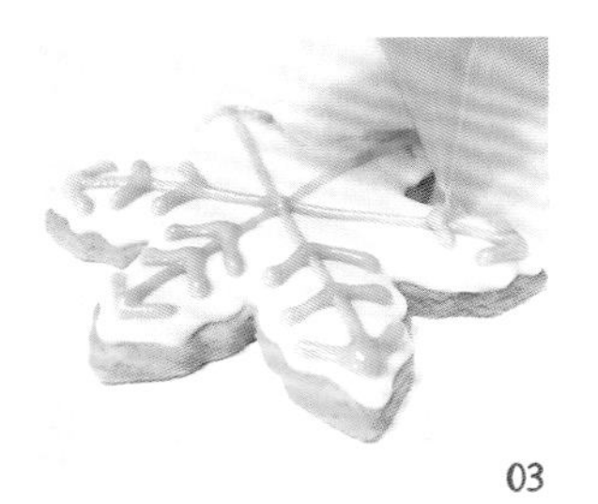

03
用淺藍色糖霜把雪花美美的結晶線條畫出來。

04
趁結晶線還沒乾，灑上細砂糖裝飾。

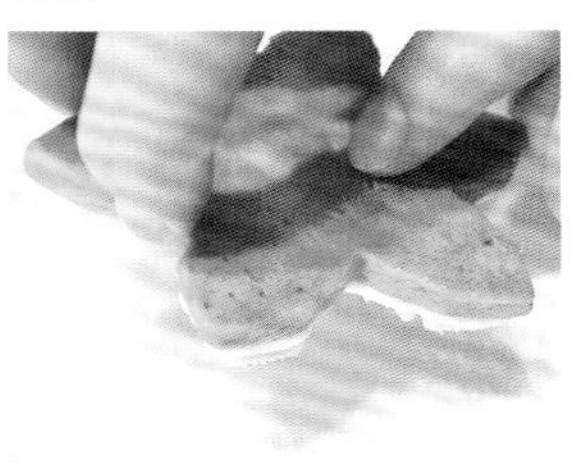

05
把雪花翻面，拍掉多餘糖粒，等全部都乾燥就 OK 囉！

心肝寶貝的收涎餅乾

小本最常做的，
就是各位媽咪幫小寶貝準備的收涎餅了！
大家想要的款式真是各式各樣呢，
但為了每個小寶貝，小本會加油的！（握拳）

TIPS 在烤餅乾之前，先做好造型哦！

用餅乾模壓出形狀，用吸管在適當的地方打兩個洞。

打好洞之後，記得用牙籤戳幾個小洞，免得餅乾烤好後膨脹哦！

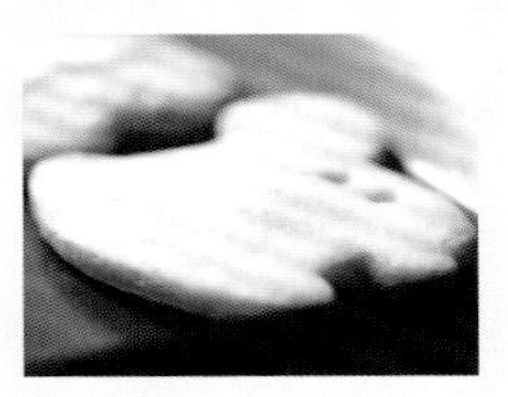

看！小本忘記用牙籤戳，害木馬懷孕了！囧～

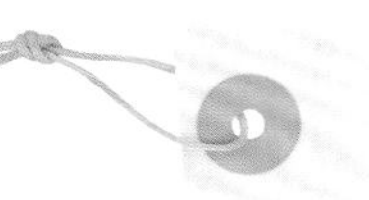

奶瓶

糖霜顏色

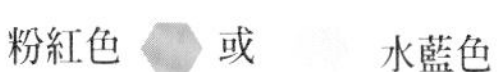

粉紅色 或 水藍色
藍色
黃色
白色

STEP BY STEP

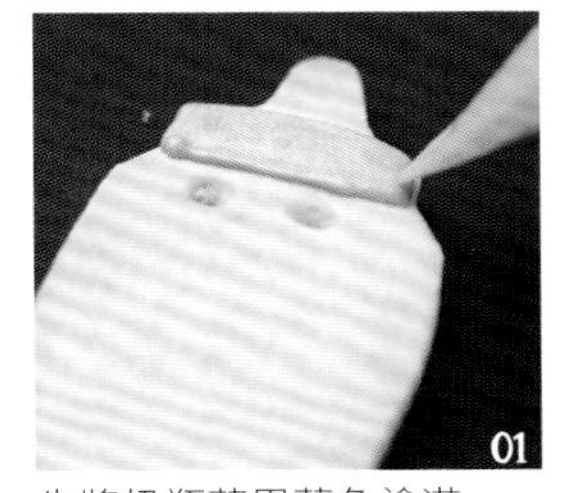

01 先將奶瓶蓋用藍色塗滿。

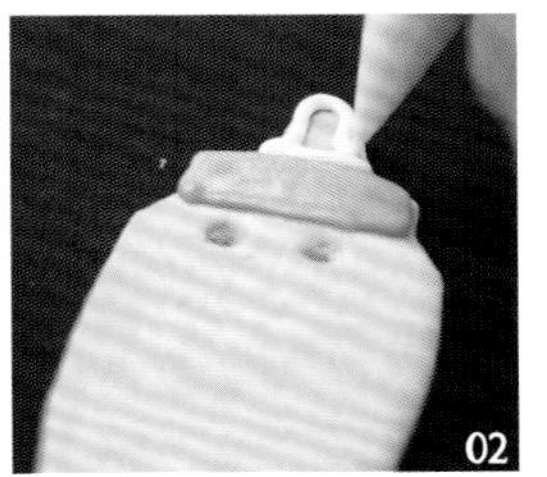

02 然後用黃色塗滿奶嘴。

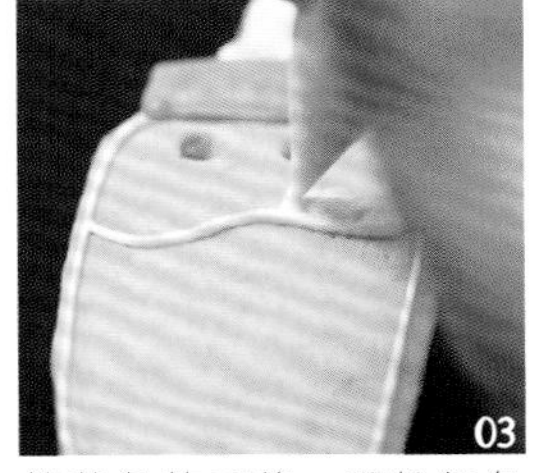

03 等黃色乾了後，用粉紅色或水藍色把奶瓶外框描好，畫出中間的曲線，先用粉紅色糖霜填上半部。

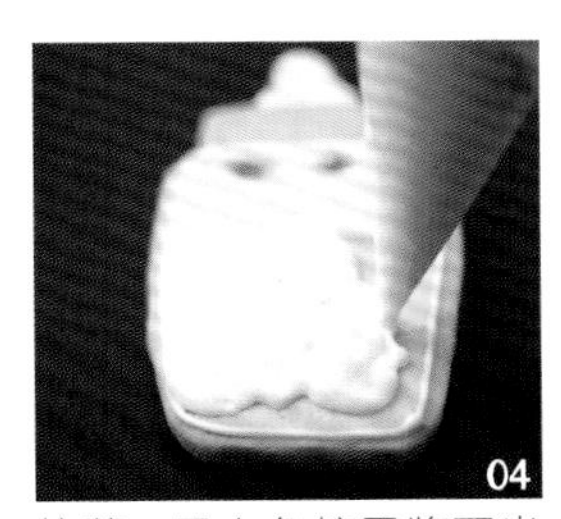

04 接著，用白色糖霜將下半部的奶瓶塗滿。

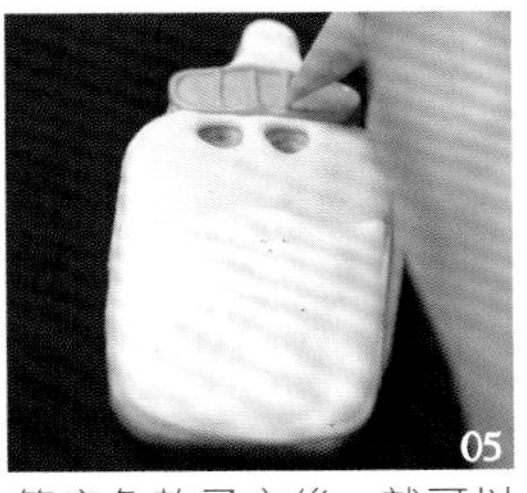

05 等底色乾了之後，就可以用同色系畫出瓶蓋和紋路。

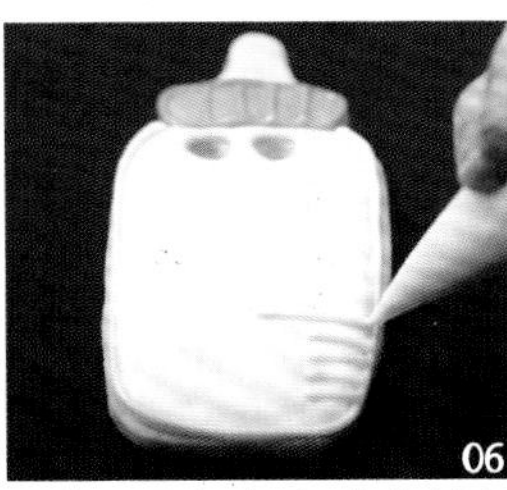

06 最後，用粉紅色或水藍色畫出瓶子的刻度，真是超可愛的吧！

小熊

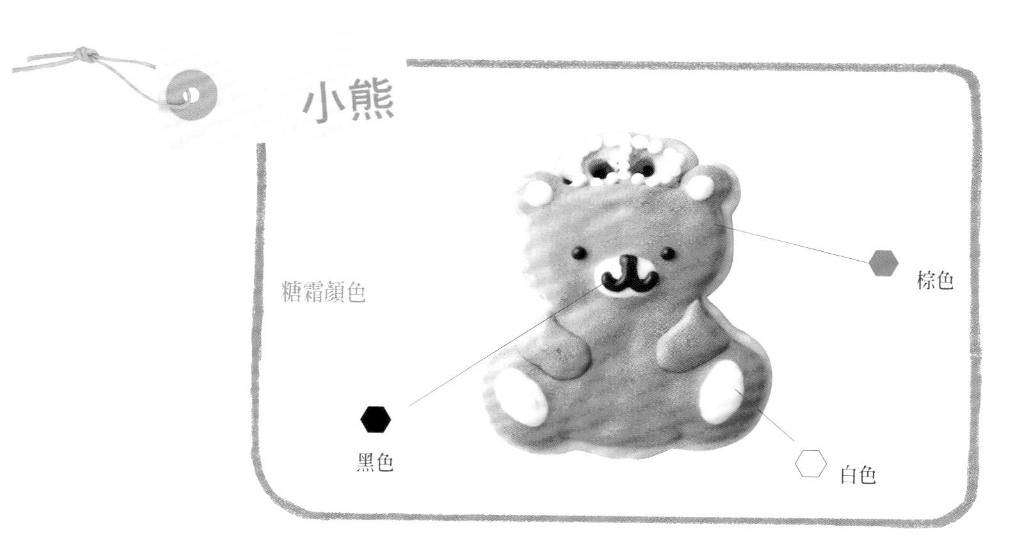

STEP BY STEP

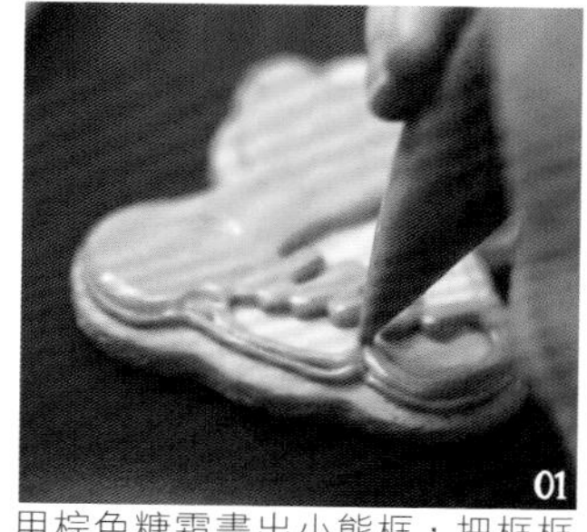

用棕色糖霜畫出小熊框，把框框裡面都塗滿。

趁糖霜還沒乾，用白色畫出小熊的耳朵、小鼻子和小腳。

等剛剛的糖霜都乾了，用白色在頂端的洞洞四周點上頭冠做裝飾。

等底圖乾燥後，就可以開始畫想要有立體感的部位了。

最後用黑色畫眼睛及微笑表情，就是可愛的小熊囉！

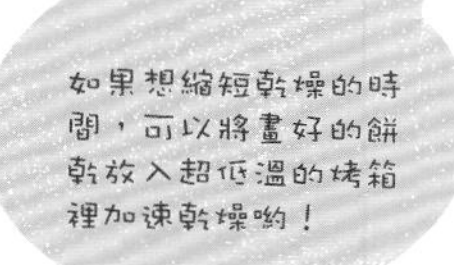

嬰兒車

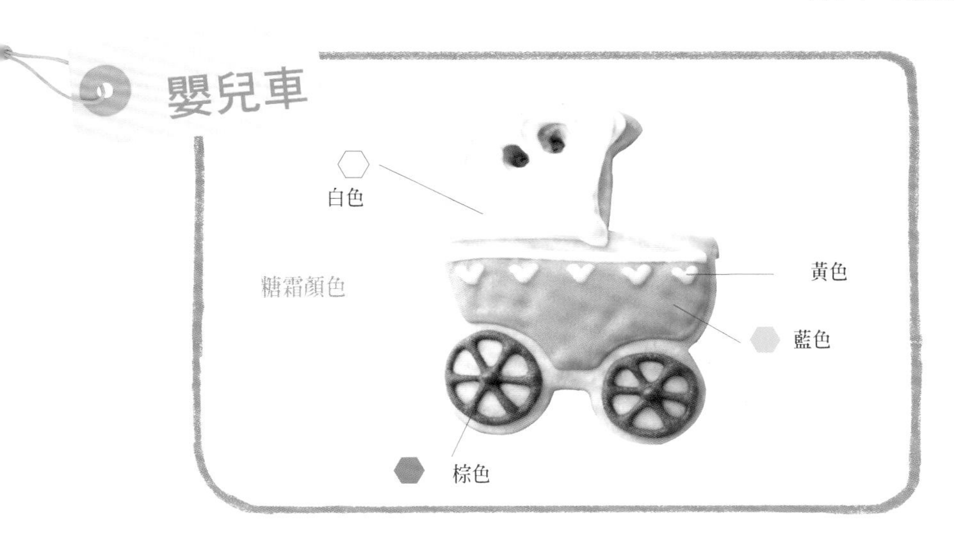

STEP BY STEP

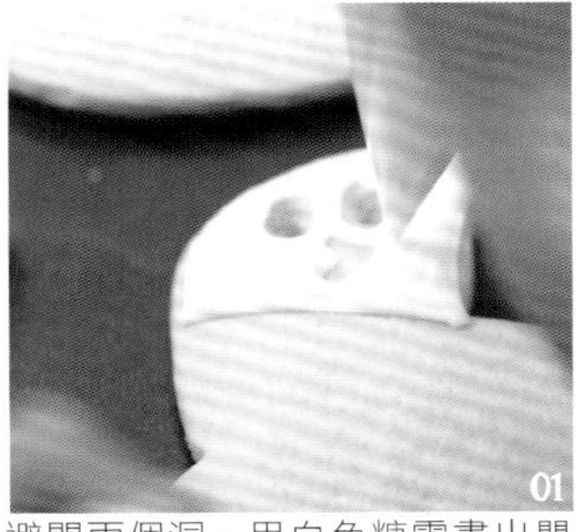

避開兩個洞，用白色糖霜畫出嬰兒車的遮陽棚，塗滿後，把彩糖裝飾上去。

用藍色糖霜把嬰兒車畫好，趁糖霜還沒乾，用黃色畫上裝飾線條。

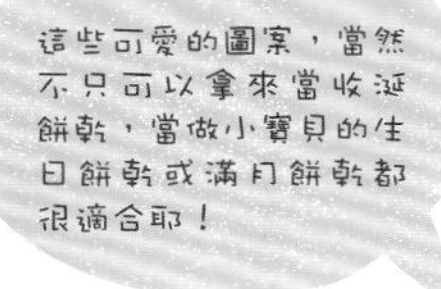

然後用棕色畫出嬰兒車輪，再來就進行乾燥啦！

等底圖乾了，用白色糖霜畫出遮陽棚的立體線條。

最後，用棕色糖霜描出輪軸，就可以做最後乾燥囉！

寶寶滿一歲時，
許多家長會將各種物品擺放在小孩面前，任他抓取，
看著寶寶東拿拿、西摸摸的模樣，是不是很可愛呢！

循古禮，寶寶抓周趣

＊鉛筆做法，請見 P77

吉他
當音樂家

糖霜顏色：黑色、白色、深咖啡色

STEP BY STEP

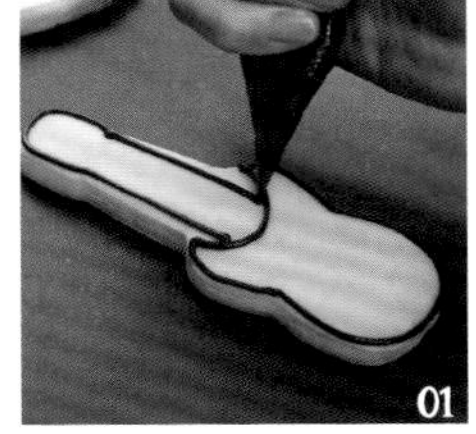

01 分別用咖啡色、黑色糖霜畫出框線，等待完全乾燥。

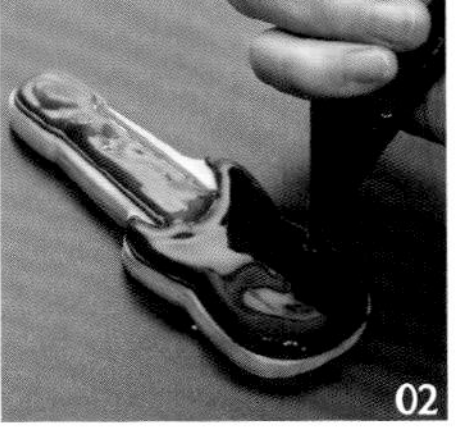

02 用咖啡色、黑色填滿底色。

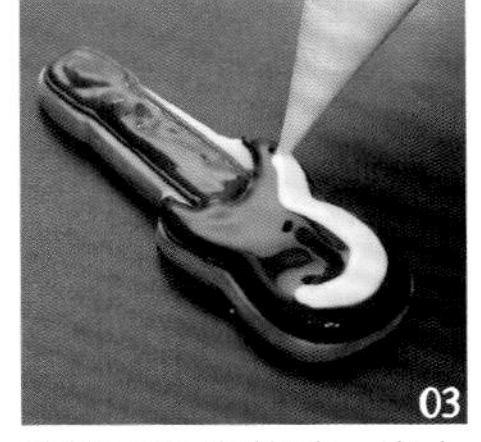

03 趁糖霜還沒乾時，畫上裝飾花紋，等待完全乾燥。

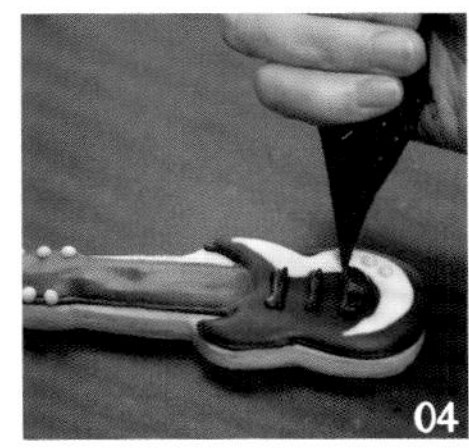

04 最後畫上細節部分，等全部乾燥就 OK 囉！

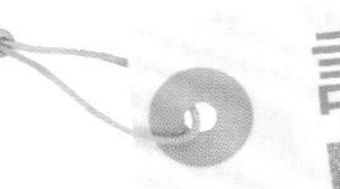

計算機
在商界發展

糖霜顏色：

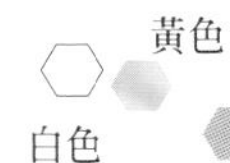

黃色、白色、黑色、灰色

STEP BY STEP

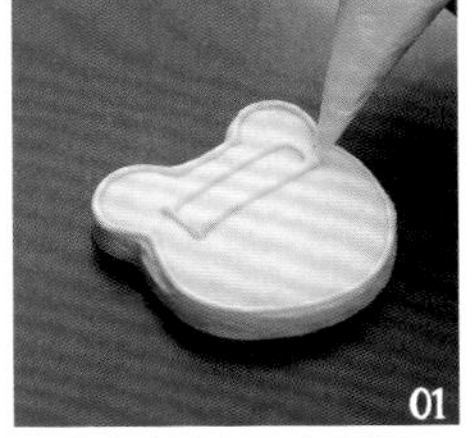

01 用黃色糖霜畫出邊框，等待完全乾燥。

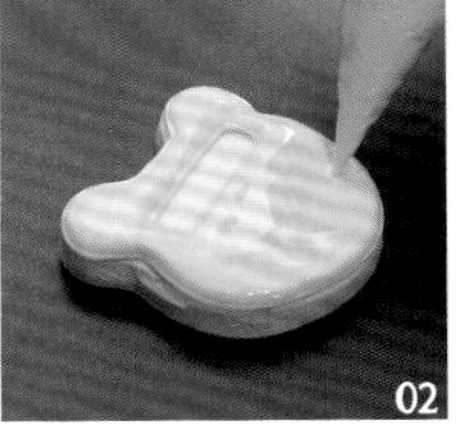

02 用黃色糖霜填滿底色，等待完全乾燥。

03 用白色填滿螢幕底色，用灰色畫出鍵盤，等待完全乾燥。

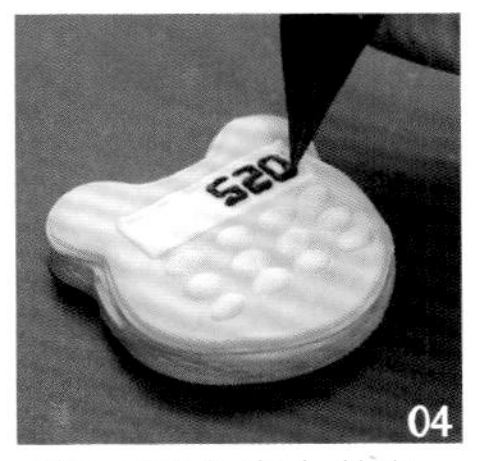

04 最後用黑色寫上數字，等待全部乾燥就完成囉！

元寶
將來會很有錢

糖霜顏色：

黃色、橘色

STEP BY STEP

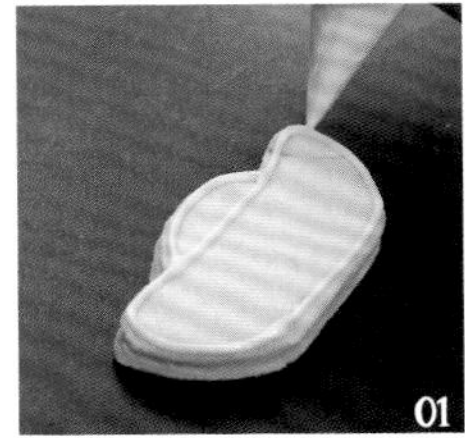

01 用黃色糖霜畫出框線，等待完全乾燥。

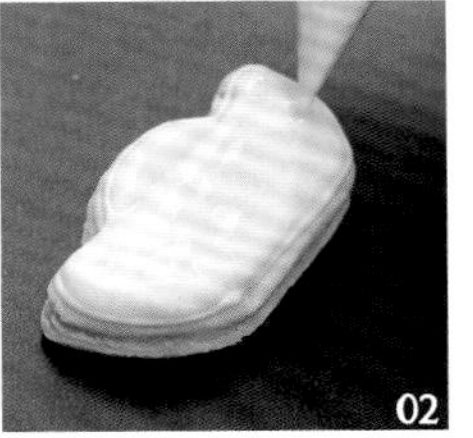

02 用黃色糖霜填滿底色，等待完全乾燥。

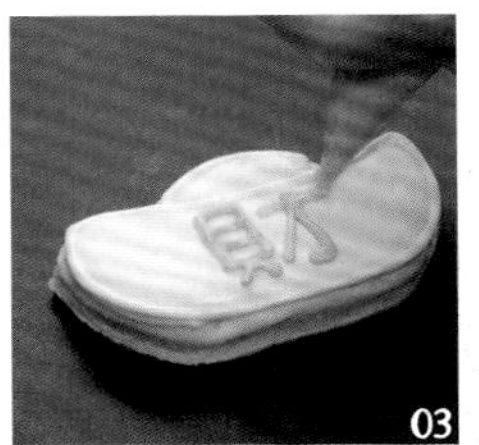

03 最後用黃色再次加強框線，用橘色寫上財字，等待全部乾燥就完成囉！

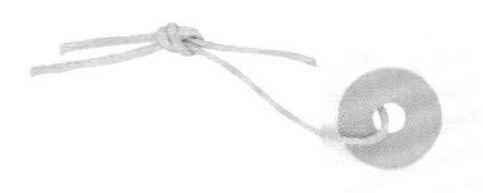

雞腿

不愁吃穿

糖霜顏色

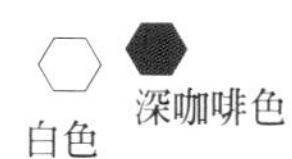

白色　深咖啡色

STEP BY STEP

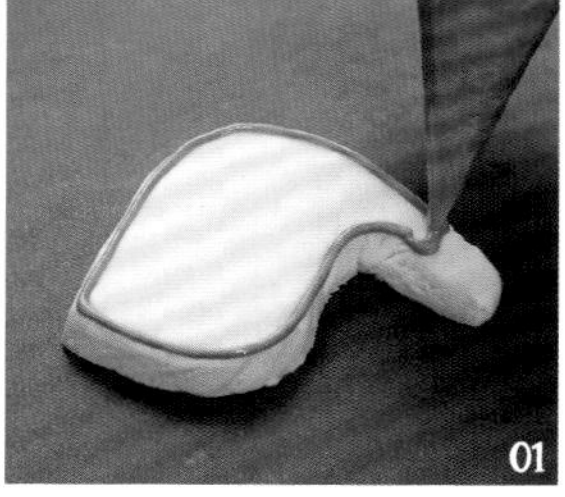

01 用咖啡色糖霜畫出框線。

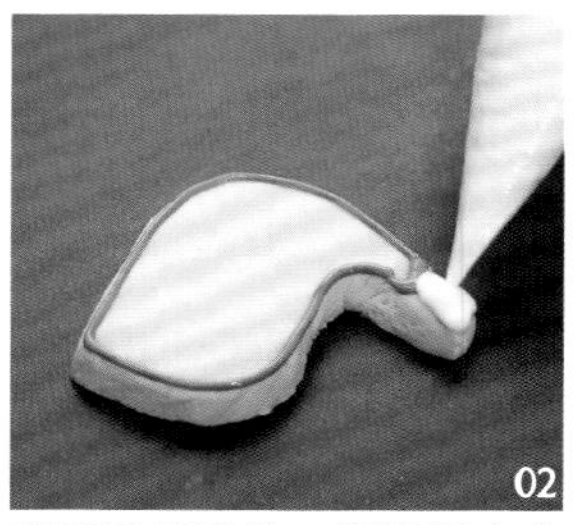

02 趁糖霜還沒乾，趕緊用白色填滿骨頭，等待完全乾燥。

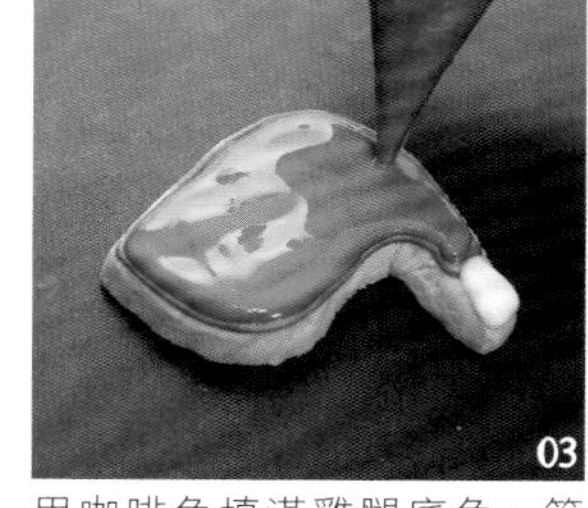

03 用咖啡色填滿雞腿底色，等待完全乾燥。

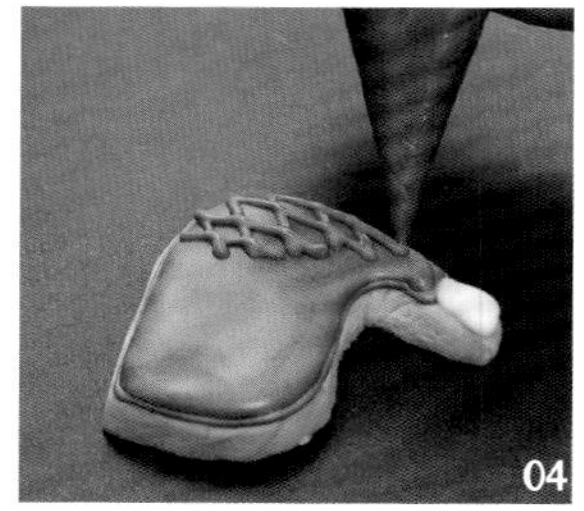

04 最後畫上燒烤花紋，等待全部乾燥就完成囉！

蔥

生性聰明

STEP BY STEP

01 用綠色、白色糖霜分別畫出框線。

糖霜顏色

綠色　白色　淺綠色

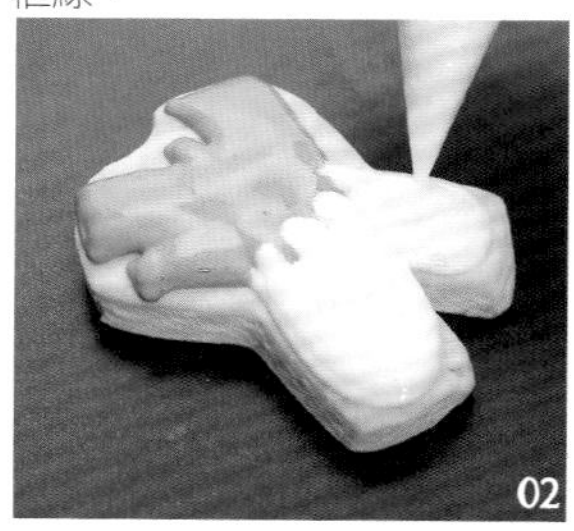

02 趁糖霜還沒乾，趕緊填滿底色。

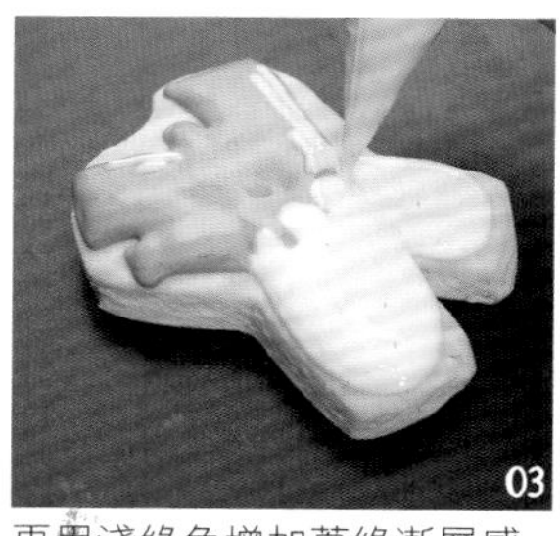

03 再用淺綠色增加蔥綠漸層感，等待完全乾燥。

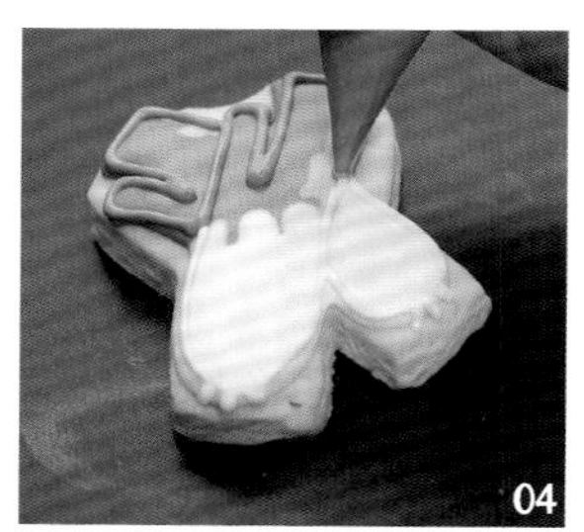

04 最後加強框線，等待全部乾燥即完成囉！

糖霜顏色

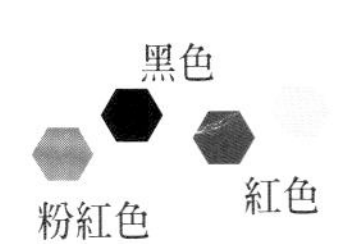

淺綠色 白色

用淺綠色糖霜畫出邊框，等待完全乾燥。

用淺綠色填滿底色。

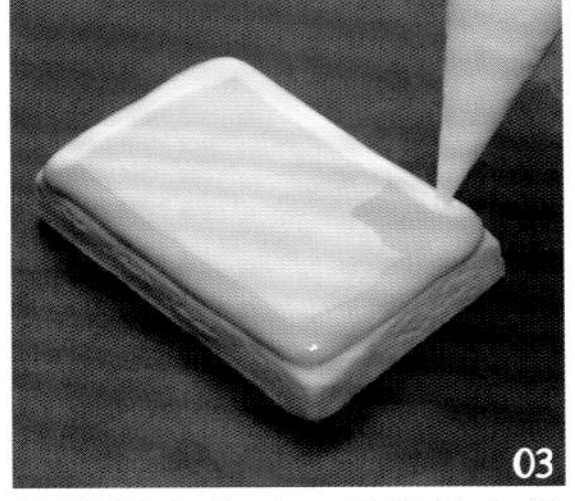

趁糖霜未乾時，趕緊用白色畫出書頁，等待完全乾燥。

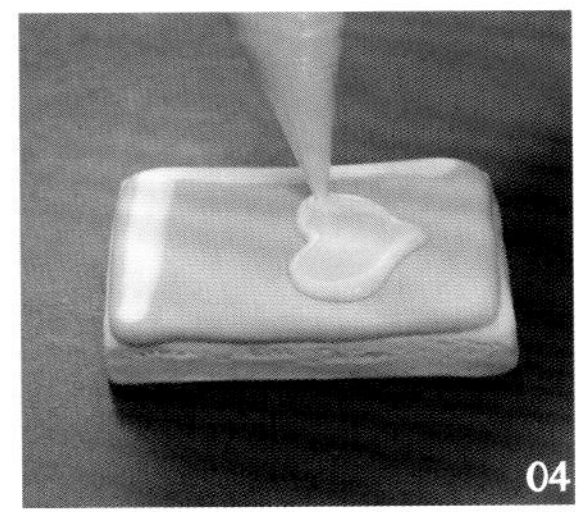

用粉紅色畫上愛心，等待完全乾燥。

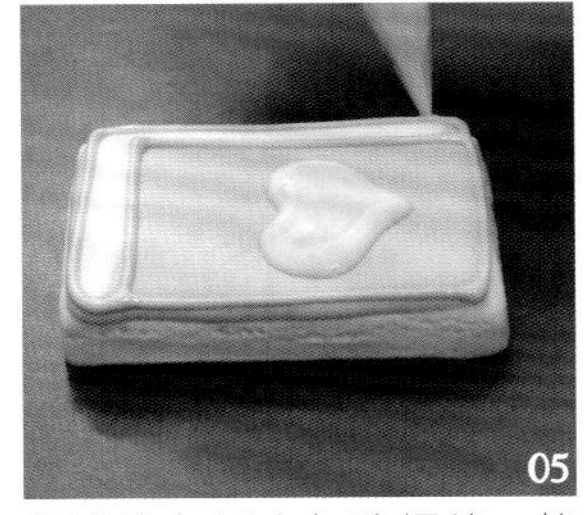

用淺綠色再次加強框線，等待乾燥。

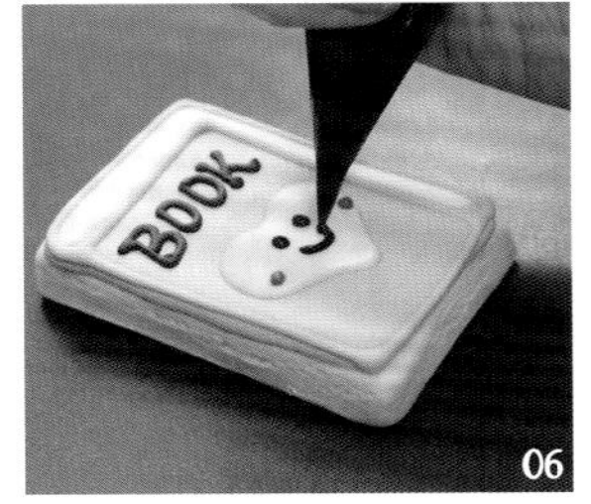

最後用黑色、紅色寫出文字，並畫上微笑表情，等待完全乾燥即完成囉！

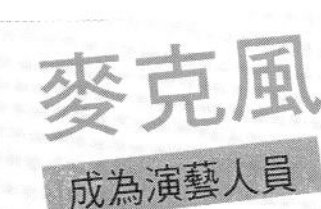

糖霜顏色

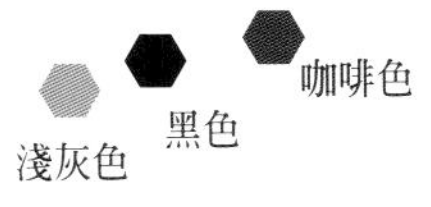

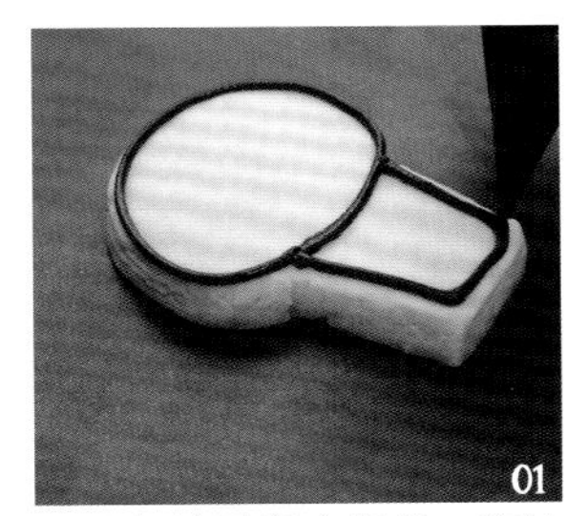

用黑色糖霜畫出框線，等待完全乾燥。

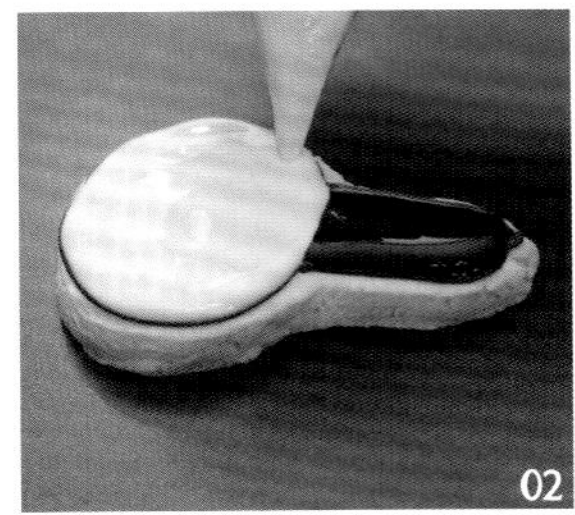

分別用黑色、灰色填滿底色，等待完全乾燥。

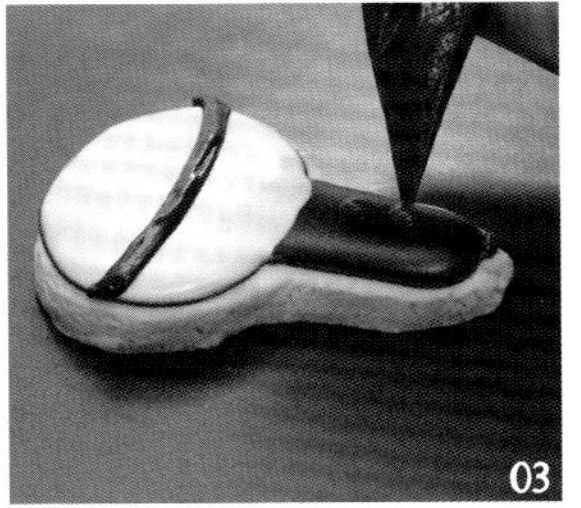

最後用黑色、咖啡色畫上細節，等待全部乾燥就完成囉！

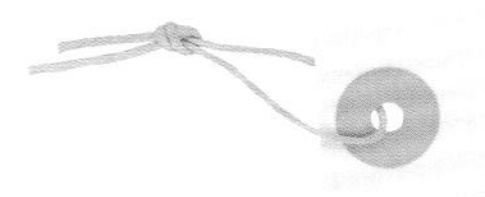

聽診器

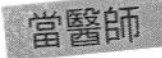

當醫師

糖霜顏色

藍色　淺灰色　粉紅色

STEP BY STEP

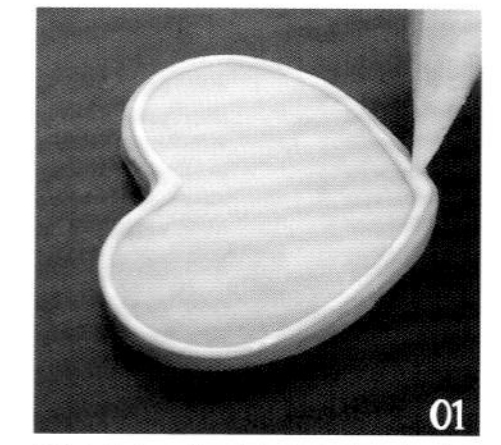

用粉紅色糖霜畫出框線，等待完全乾燥。

用粉紅色糖霜填滿底色，等待完全乾燥。

03

用藍色、灰色糖霜畫出聽診器，等待完全乾燥就完成囉！

印章

成為官員

糖霜顏色

白色　黑色　紅色

STEP BY STEP

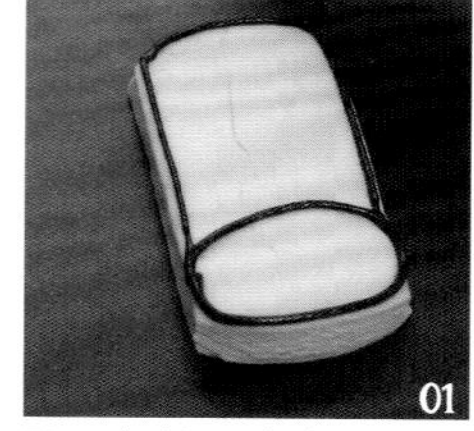

用黑色糖霜畫出框線，等待完全乾燥。

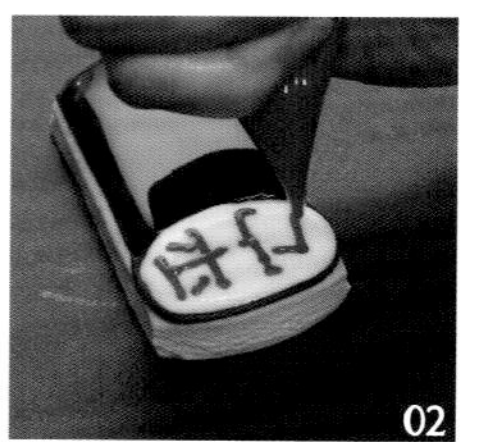

分別用黑色、白色糖霜填滿底色，趁底色未乾時，用紅色寫上文字，等待完全乾燥。

最後用黑色再次加強框線，並畫出小白點，等待全部乾燥就完成囉！

蒜頭

善於精算

糖霜顏色

白色　淺灰色

STEP BY STEP

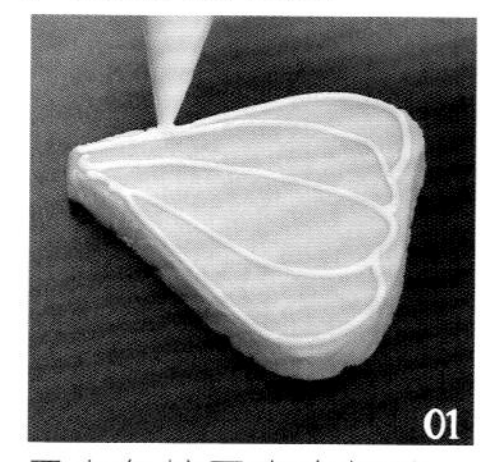

用白色糖霜畫出框線，等待完全乾燥。

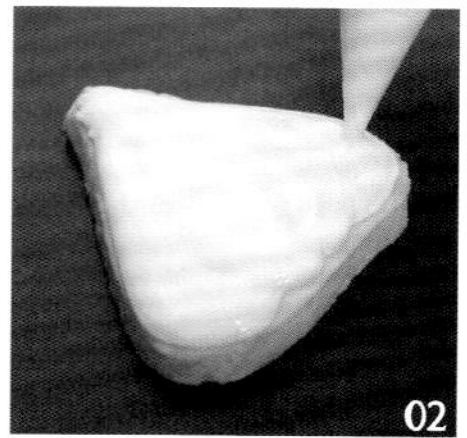

用白色糖霜填滿底色，等待完全乾燥。

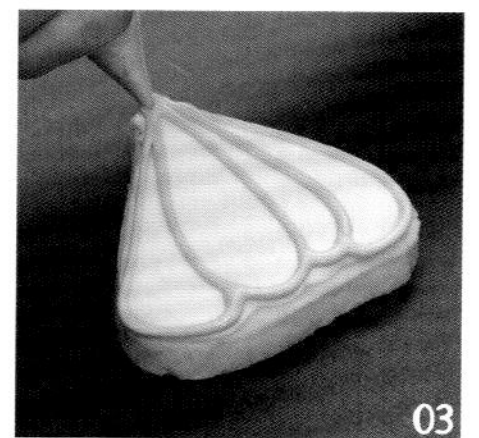

最後用灰色糖霜再次加強框線，等待全部乾燥就 OK 囉！

尺
設計或建築師

糖霜顏色

黑色 咖啡色 紫色 粉紅色 淺藍色

01 用淺藍色糖霜畫出框線，等待完全乾燥。

02 用淺藍色填滿底色。

03 趁糖霜還沒乾時，用粉紅色畫出圓點，等待完全乾燥。

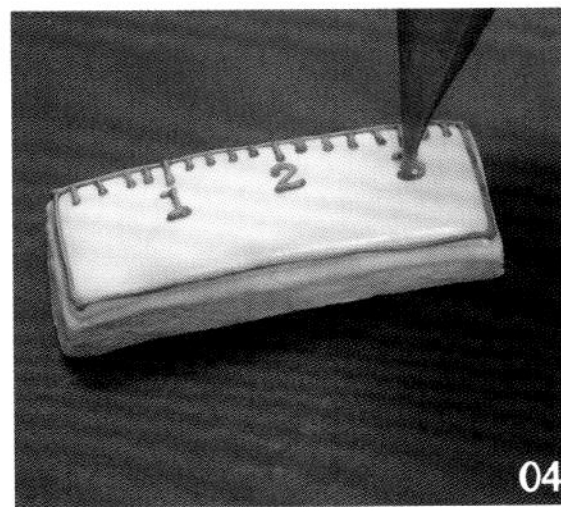

04 用紫色加強框線，並畫上刻度、數字。

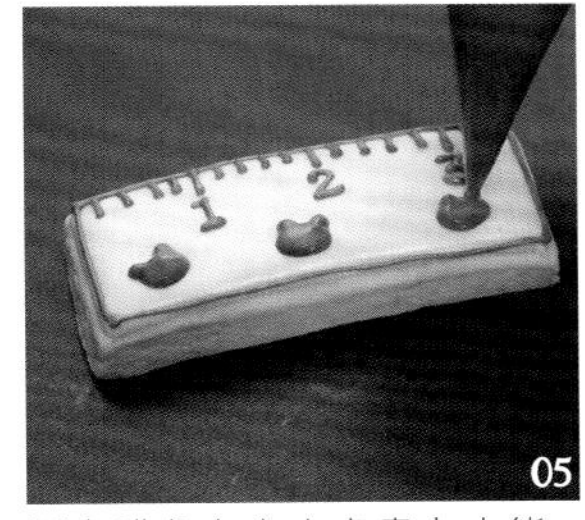

05 用咖啡色在空白處畫上小熊，等待完全乾燥。

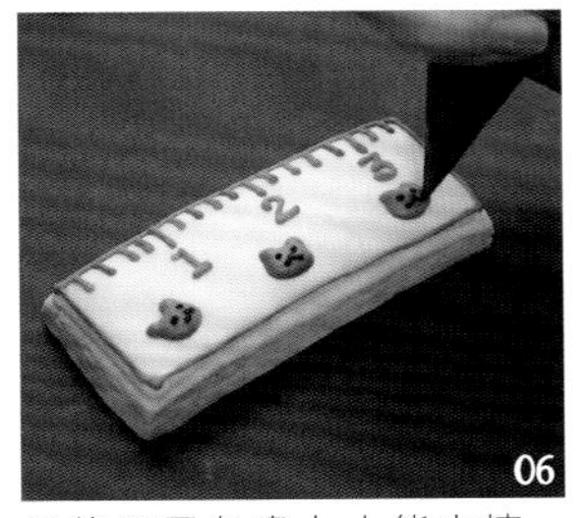

06 最後用黑色畫上小熊表情，等待完全乾燥就完成囉！

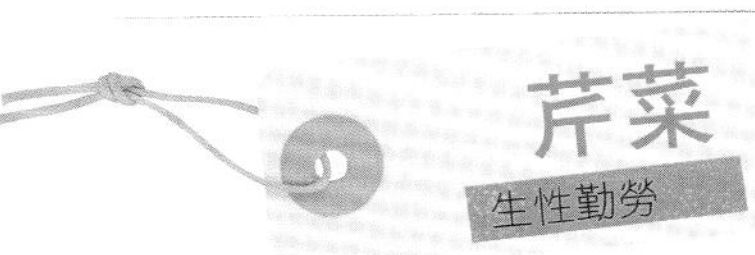

芹菜
生性勤勞

糖霜顏色

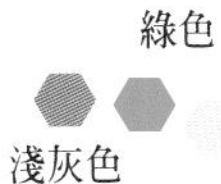

綠色 淺灰色 淺綠色

STEP BY STEP

01 用淺綠色糖霜畫出框線，等待完全乾燥。

02 填滿底色，趁糖霜未乾時，以較淺或較深的綠色畫出漸層，等待完全乾燥。

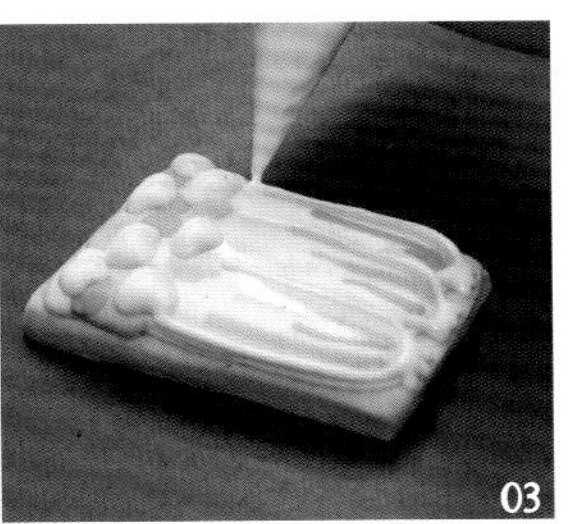

03 最後畫上芹菜葉與框線，等待完全乾燥就 OK 囉！

PART 4
一學就會！

和小本一起做 可愛的冰箱餅乾

放冰箱定型這個動作，
就是冰箱餅乾名稱的由來啦！
原名叫做 ICEBOX COOKIES 哦～

小小鴨子的大扁嘴，
是最明顯的特徵，
只要做好嘴巴、點上鼻子，
就是可愛的小鴨子啦～

鴨子呱呱，過馬路

材料

120g 原味麵糰
90g 原味麵糰 +1 小匙特黑可可粉調成咖啡色
40g 原味麵糰 +1/2 小匙黃金乳酪粉調成橘色

STEP BY STEP

將原味麵糰個別加入特黑可可粉與黃金乳酪粉，揉成顏色均勻的麵糰。

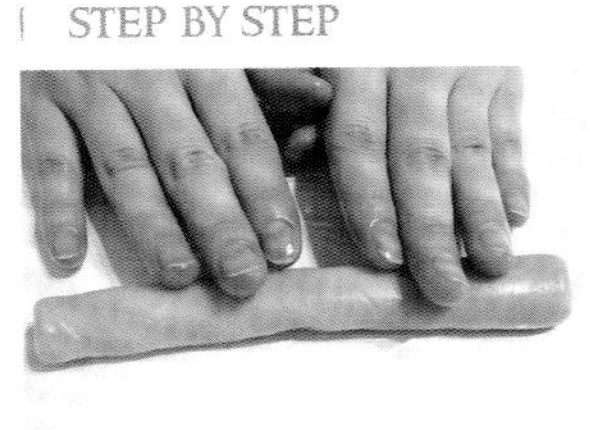

01

把乳酪麵糰搓成 15 公分長條。

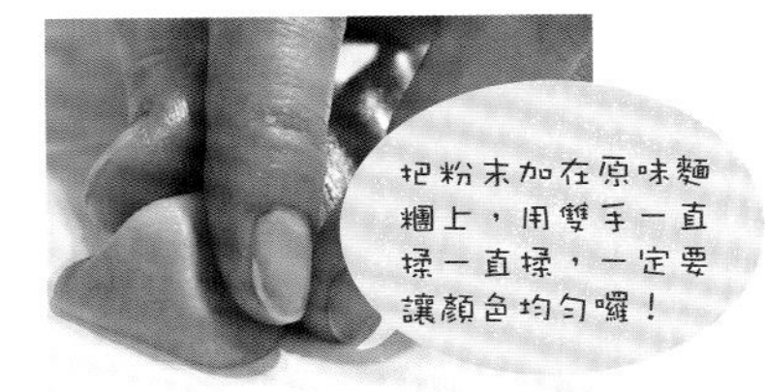

02

把乳酪長麵糰輕輕捏成三角形。

03

接著，包上保鮮膜，放入冰箱冷凍約 20 分鐘。

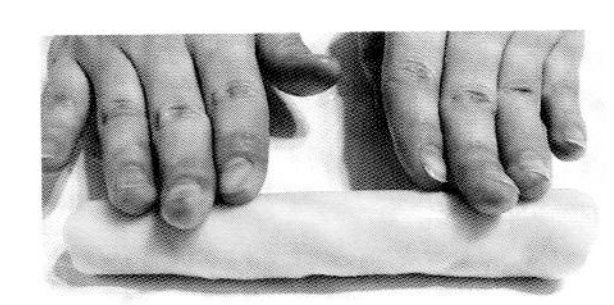

04

原味麵糰也搓成 15 公分長條。

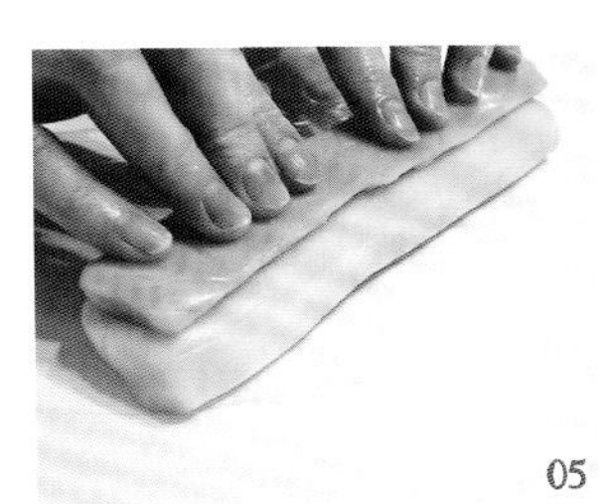

05

然後將變硬的乳酪麵糰，拼裝在原味長麵糰上面。

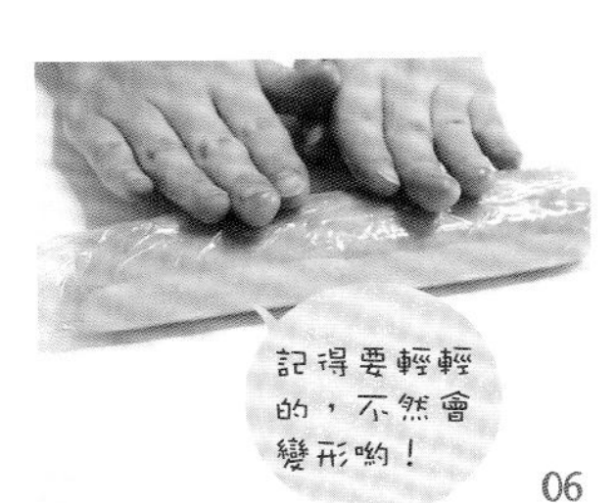

06

接著，包上保鮮膜「輕輕」滾圓整型，再放回冰箱冷凍約 20 分鐘讓麵糰變硬，就是鴨子臉囉！

07

可可麵糰包上保鮮膜，桿成長約 15 公分、寬約 14 公分的方形麵皮。

08

把冰硬的鴨子臉麵糰擺到可可麵皮中間，再捲起來包好。

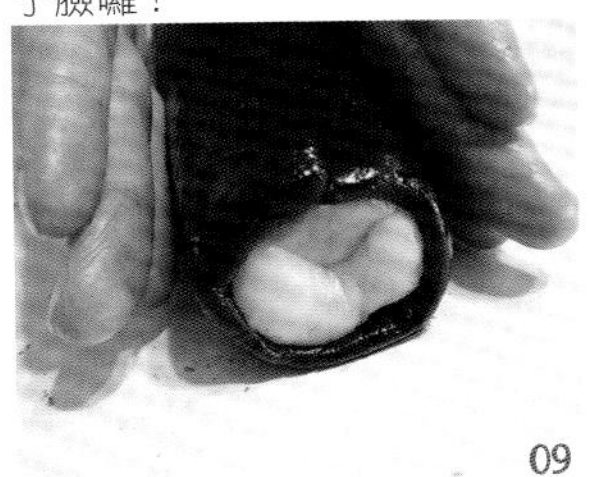

09

包好後的麵糰就像這樣。然後包上保鮮膜放入冰箱冷藏至少 1 小時。

10

接著，拿出變硬的麵糰切成 0.5 公分片狀，這時可以很清楚的看到鴨子圖案哦！

11

最後以竹籤平端沾上調色蛋黃液，點上眼睛後放入預熱 180 度烤箱烘烤約 15～20 分鐘就 OK 啦！

可愛熊寶貝，真想抱著睡～

絨毛玩具娃娃裡，
小熊一直都是名列前茅的可愛！
柔柔軟軟的觸感，
實在讓人無法放手耶！

材料

120g 原味麵糰
130g 原味麵糰 +1 小匙可可粉調成咖啡色

STEP BY STEP

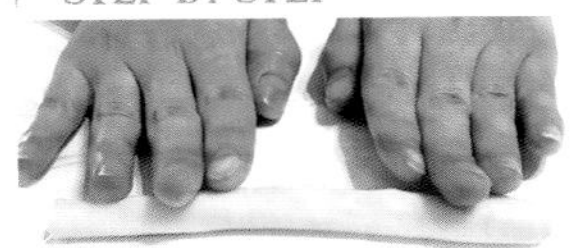

01

先將 100g 原味麵糰搓成 15 公分長條。

02

用保鮮膜包好後，放入冰箱冷凍約 10 分鐘讓麵糰變硬。

03

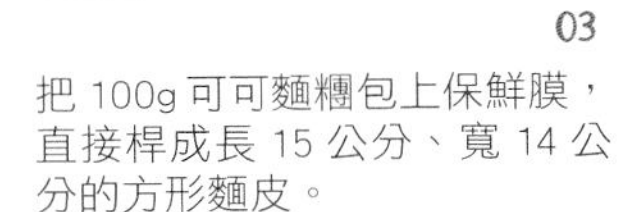

把 100g 可可麵糰包上保鮮膜，直接桿成長 15 公分、寬 14 公分的方形麵皮。

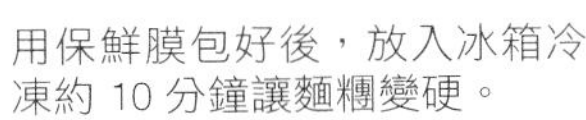

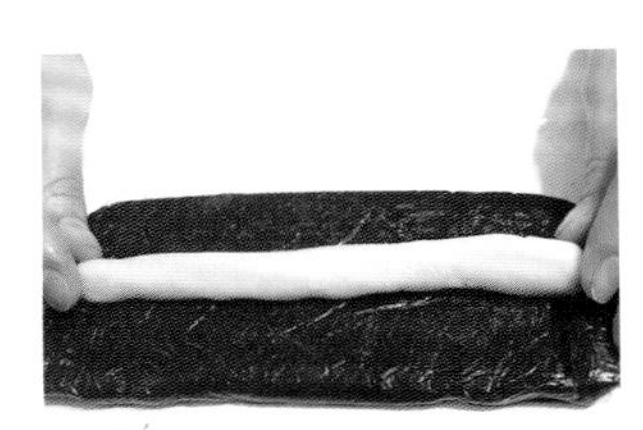

04

把冰硬的原味長條麵糰放在可可麵皮的中央。

05

捲起後先放在桌旁備用。

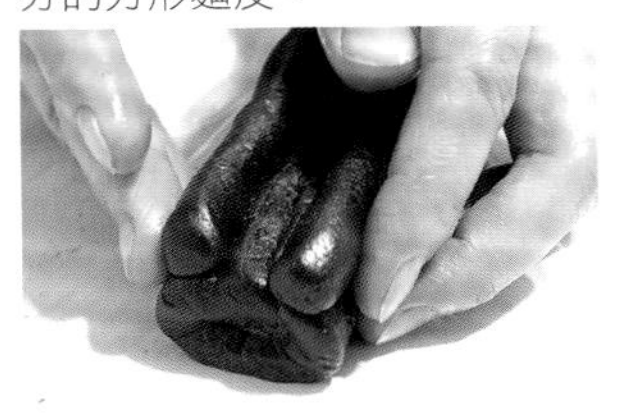

06

將兩份 15g 可可麵糰各搓成 15 公分長條，拼在步驟 5 的麵糰上，包上保鮮膜放入冰箱冷凍約 20 分鐘變硬，小熊的構圖就完成囉！

07

接著，把原味麵糰桿成長 15 公分、寬 14 公分的方形麵皮，取出冰硬的小熊麵糰，放在原味麵皮的中間。

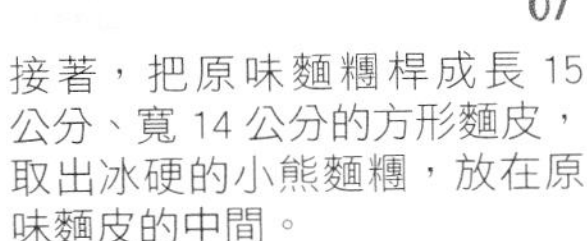

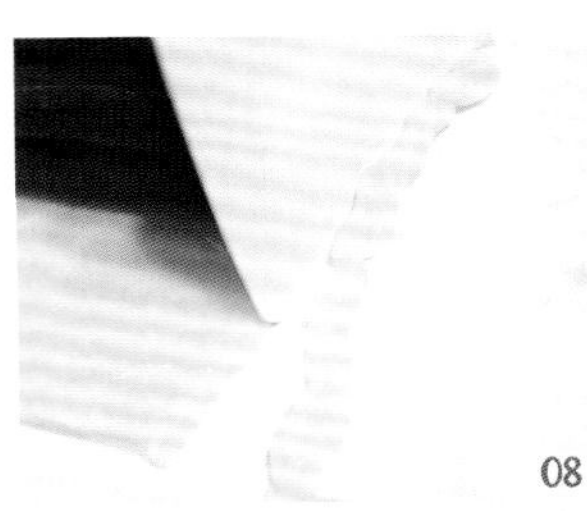

08

把旁邊多餘的麵皮用刮刀切下。

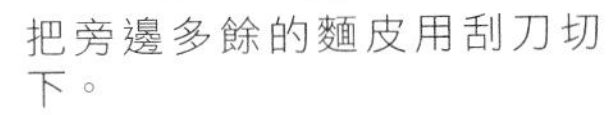

做冰箱餅乾時，圖案和包覆的麵糰間常會有空隙，此時可以利用多餘的麵糰將空隙填滿，做出來的餅乾切片才不會有大洞出現哦！

09

切下的麵皮再利用，補在小熊耳朵與耳朵間的大縫隙上。

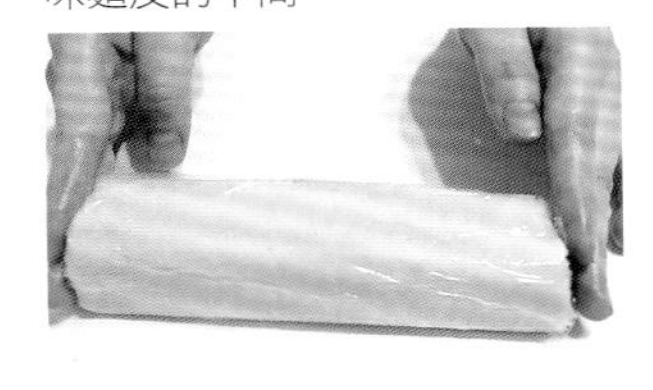

10

把麵糰捲起來，包上保鮮膜後，放入冰箱冷藏至少 1 小時變硬。

11

取出變硬的麵糰，切成 0.5 公分厚的片狀。

12

最後以竹籤沾調色蛋黃液，點上眼睛，畫出微笑表情，放入預熱 180 度烤箱烘 烤約 15～20 分就完成啦！

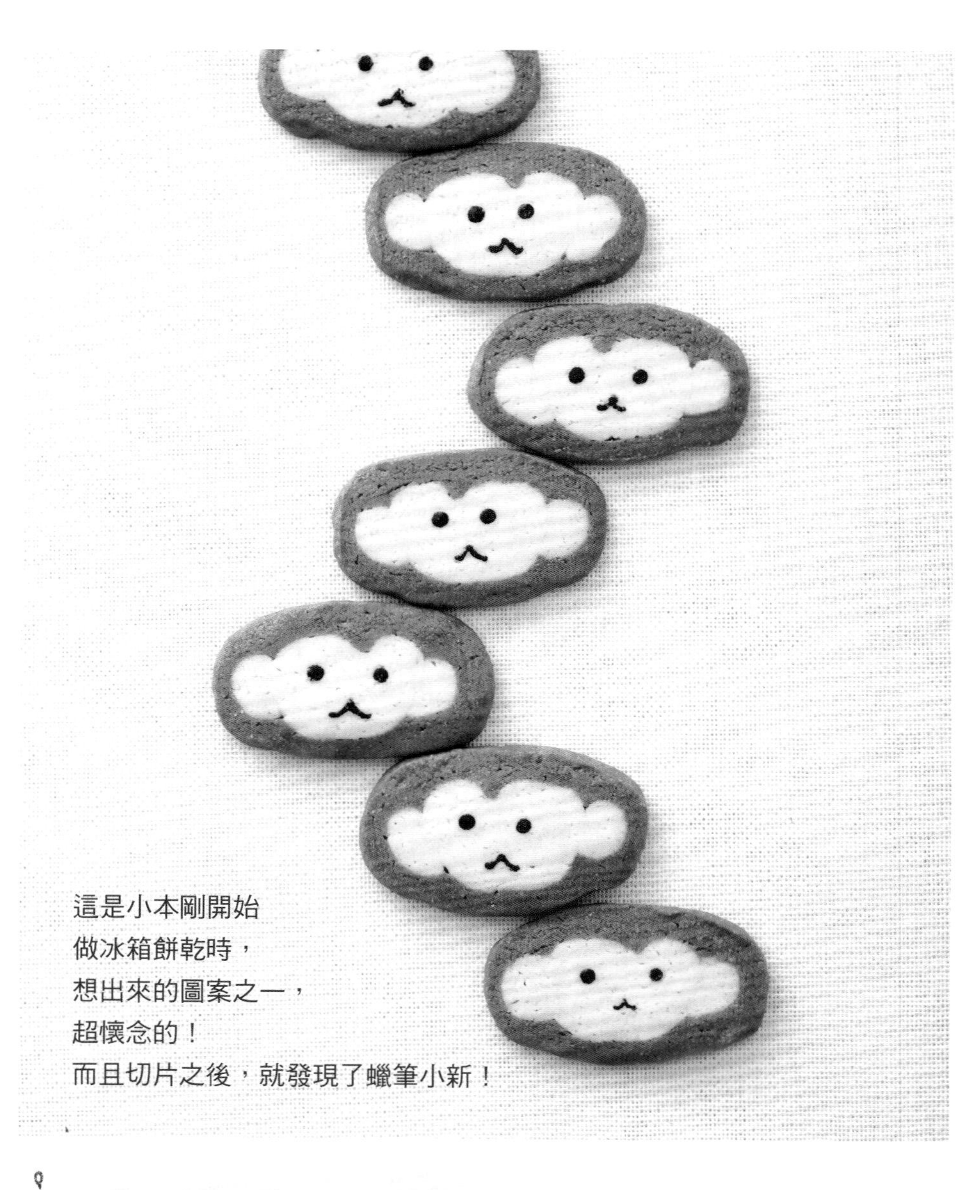

星期三，猴子去爬山～

材料

110g 原味麵糰

140g 原味麵糰 +5g 可可粉調成咖啡色

STEP BY STEP

01
將 80g 原味麵糰搓成 15 公分長條，用竹籤在中央壓出一道壓痕。

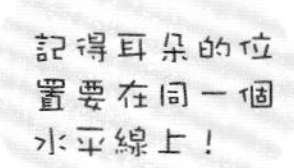

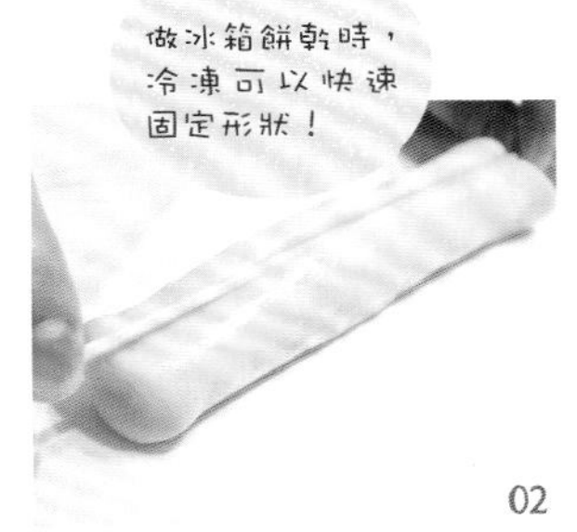

02
麵糰跟竹籤一起包上保鮮膜，放入冰箱冷凍約 15 ～ 20 分鐘變硬。

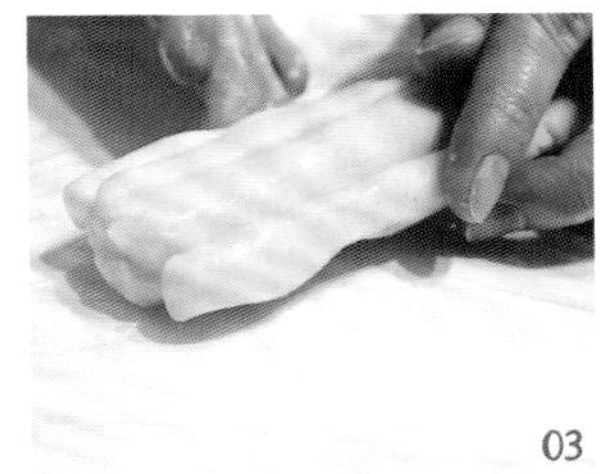

03
將兩份 15g 原味麵糰分別搓成 15 公分長條，黏在變硬的大原味麵糰左右兩邊，就是小猴的臉形麵糰了。

04
把臉形麵糰包上保鮮膜，放入冰箱冷藏 1 小時冰硬。

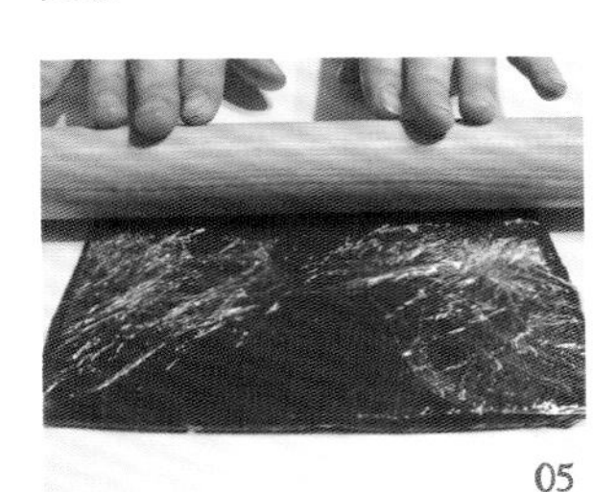

05
接著，將可可麵糰包上保鮮膜，桿成長 15 公分、寬 14 公分的方形麵皮。

06
把冰硬的小猴臉形麵糰放在可可麵皮中間。

07
記得切掉兩邊多出來的麵皮，補在耳朵旁邊的麵糰縫隙裡面哦！

08
接著，把麵糰捲起來包上保鮮膜，冷藏至少 1 小時變硬。第一次做猴子餅乾的時候，剛切片的麵糰，乍看好像蠟筆小新的屁股喲！（哈哈）

09
當麵糰變硬後，切成 0.5 公分厚的片狀。

10
用竹籤沾調色蛋黃液點上眼睛，並以竹籤尖端把微笑表情畫出來，放入預熱 180 度烤箱烘烤約 15 ～ 20 分就 OK 了。

傳說月亮上有嫦娥、月兔，
還有一個 24 小時砍樹的吳剛，
不過大家都知道～
月亮其實只有一堆洞而已。

月亮上，真的有兔子嗎？

材料

120g 原味麵糰 +1 小匙紅麴粉調成粉紅色
130g 原味麵糰 +5g 可可粉調成咖啡色

記得耳朵的位置要在同一個水平線上！

STEP BY STEP

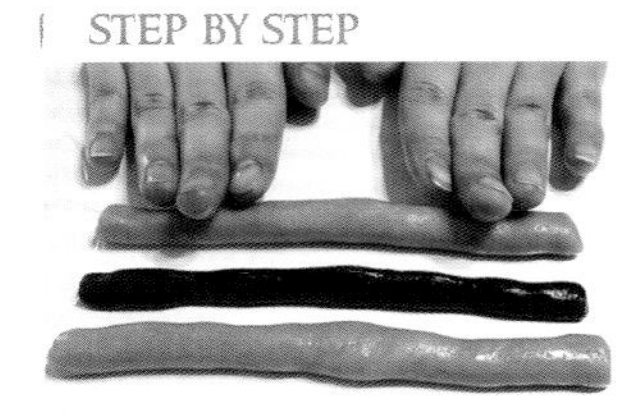

01
兩份 20g 紅麴麵糰與 10g 可可麵糰，全都搓成 15 公分長條。

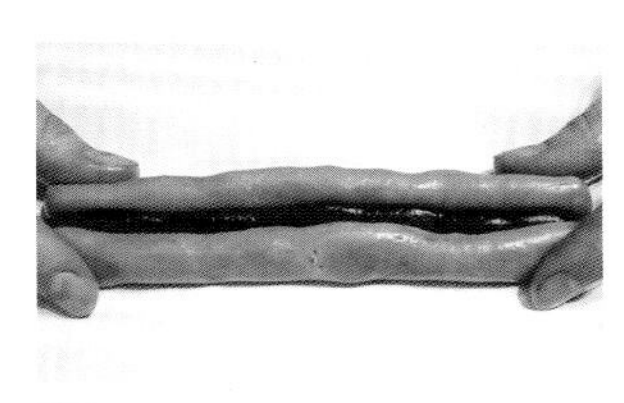

02
搓好的可可麵糰拼在兩條紅麴麵糰中間，放在一旁備用。

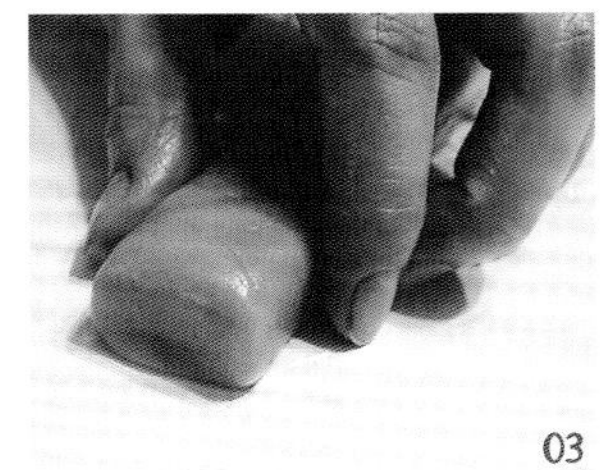

03
80g 紅麴麵糰搓成 15 公分長條後，稍微捏成方形。

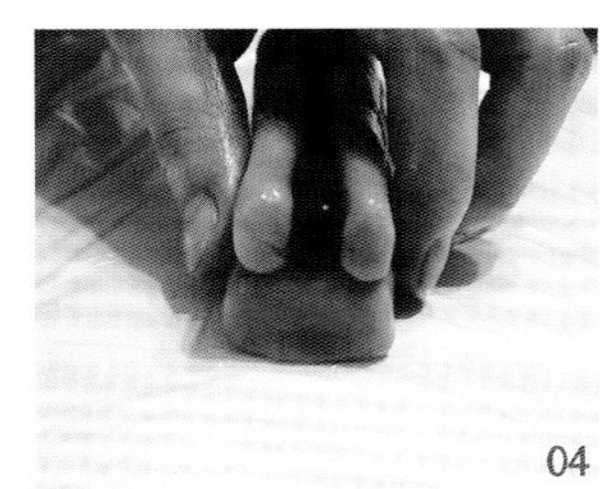

04
把步驟 2 的麵糰放在方形麵糰上，就做成小兔臉啦！

記得要輕輕的，不然會變形喲！

05
將小兔麵糰輕輕包上保鮮膜，放入冰箱冷凍約 15 ～ 20 分鐘。

06
可可麵糰桿成長 15 公分、寬 14 公分的方形麵皮。

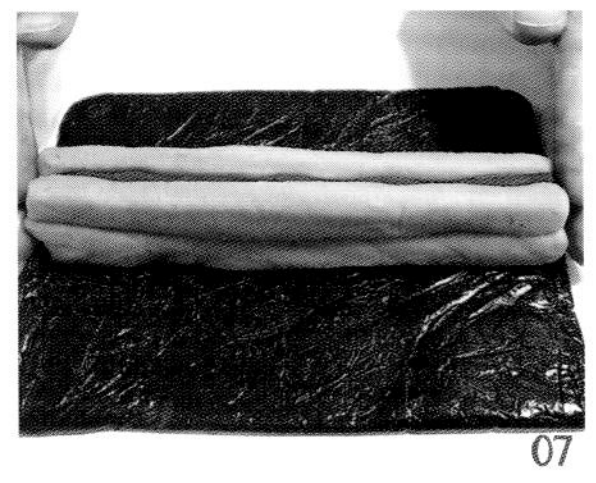

07
拿出冰硬的小兔臉麵糰放在可可麵皮的中間。

08
將麵糰捲起來，包上保鮮膜再放入冰箱冷藏至少 1 小時。

09
把變硬的麵糰切成平均 0.5 公分厚的片狀，兔子臉就出現囉！

10
用竹籤平端沾上調色蛋黃液後點上兔子眼，再以竹籤尖端畫出微笑表情，放入預熱 180 度烤箱烘烤約 15 ～ 20 分就 OK 啦！

吼～我是森林裡的萬獸之王

材料

原味麵糰 20g

120g 原味麵糰 +1 大匙黃金乳酪粉調成橘色

110g 原味麵糰 +1 小匙可可粉調成咖啡色

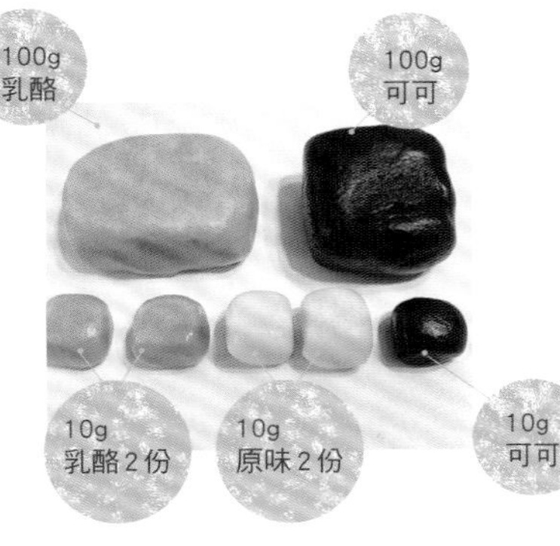

每次切麵糰，都超期待的！看到圖案成形，就會很有成就感～雖然也有失敗的時候啦……哈哈！

STEP BY STEP

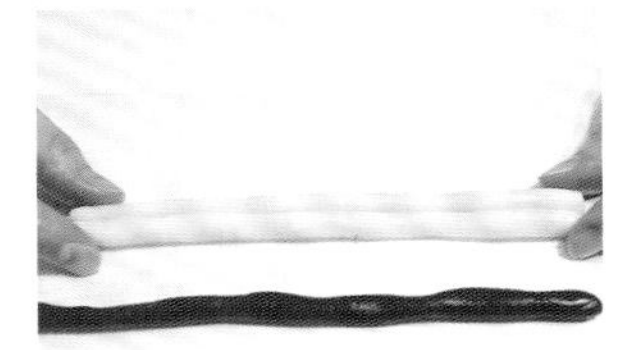

01

將兩份 10g 原味麵糰和 10g 可可麵糰都搓成 15 公分長條後，把兩條原味麵糰輕輕靠攏。

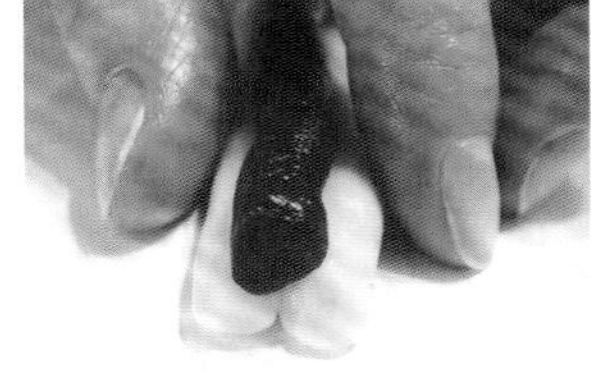

02

把可可麵糰拼在上面，一起包好保鮮膜，放在冰箱冷凍約 15 分鐘變硬。

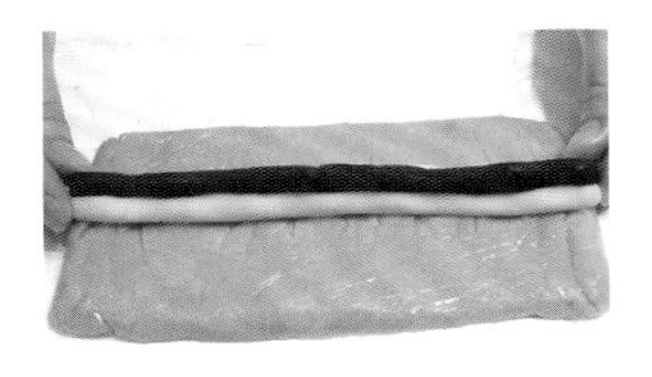

03

將 100g 乳酪麵糰桿成長 15 公分、寬 7 公分的方形麵皮，再把冰硬的步驟 2 麵糰放在桿好的麵皮中間，最後包起來，放在一旁備用。

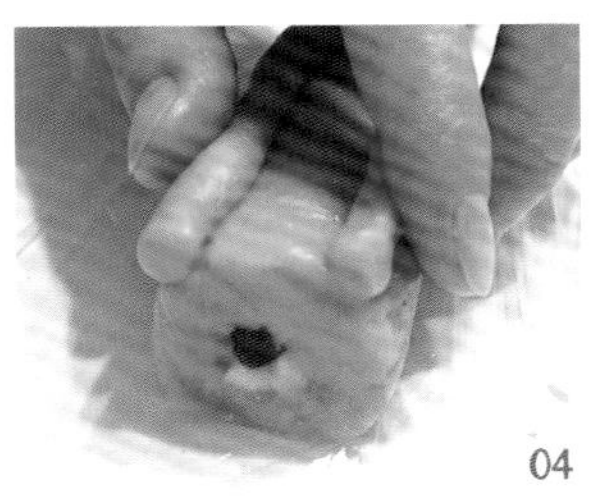

04

接著，把 2 份 10g 乳酪麵糰分別搓成 15 公分長條，拼在步驟 3 的麵糰上，就做成獅子臉囉！

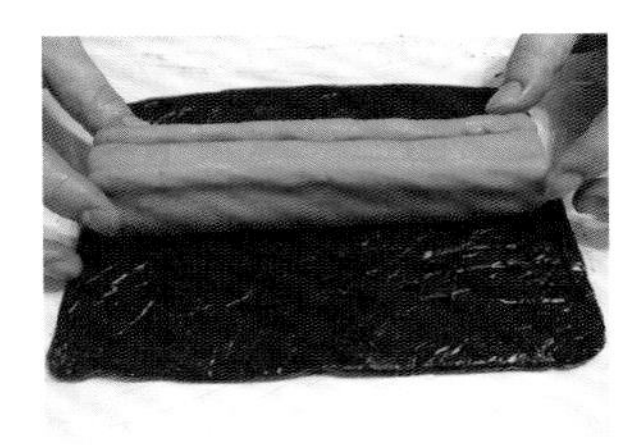

05

將可可麵糰桿成長 15 公分、寬 7 公分的方形麵皮，並把剛剛做好的獅子臉麵糰放在中間。

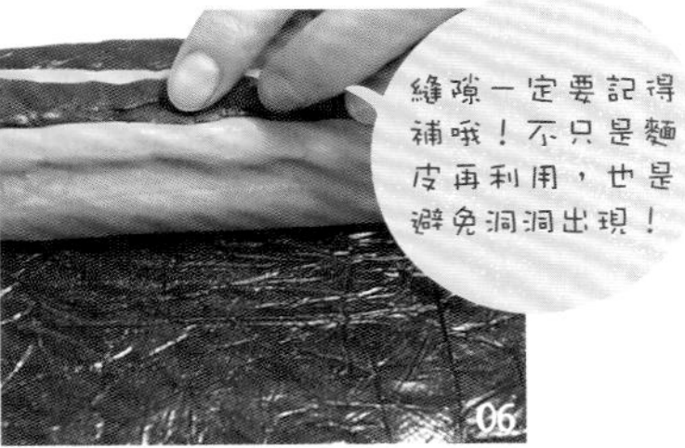

06

切掉兩邊的多餘麵皮，補到獅子耳朵的縫隙裡面。

縫隙一定要記得補哦！不只是麵皮再利用，也是避免洞洞出現！

07

補好麵糰，包上保鮮膜放入冰箱冷藏至少 1 小時變硬。

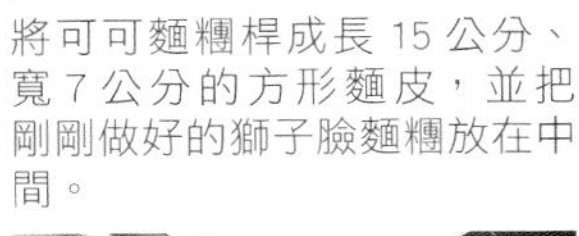

08

當麵糰變硬後，就可以取出切成 0.5 公分厚的片狀了。

09

最後，用竹籤平端沾調色蛋黃液點上眼睛，放入預熱 180 度烤箱烘烤約 15 ～ 20 分。

三隻小豬，幸福快樂的生活～

材料

180g 原味麵糰

90g 原味麵團 +1/2 小匙紅麴粉或山藥粉調成粉紅色

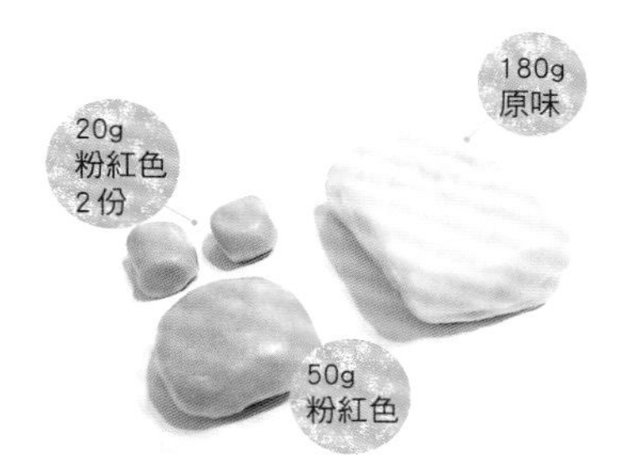

要是不想用紅麴粉，可以用草莓粉或少許可食用的粉紅色素粉或色膏來製作哦！

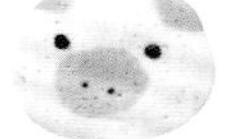

STEP BY STEP

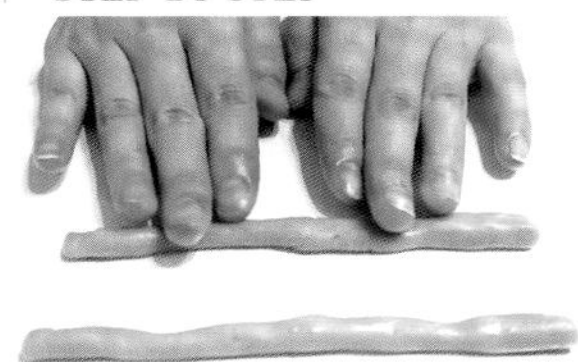

01
先把兩份 20g 粉紅色麵糰，都搓成 15 公分長條。

02
把長條粉紅色麵糰分別捏成三角形。

03
包上保鮮膜後，冷凍約 10 分鐘變硬。

04
接著，把 50g 的粉紅色麵糰搓成 15 公分長條，用保鮮膜包好，冷凍約 20 分鐘變硬。

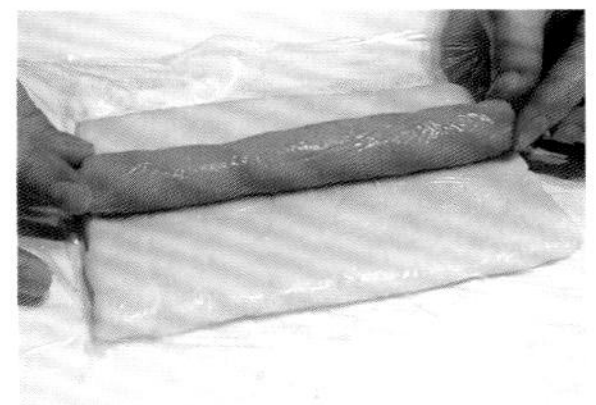

05
180g 原味麵糰桿成長 15 公分、寬 10 公分的方形麵皮，再把冰硬的步驟 3 放在麵皮中間，最後用麵皮把麵糰包起來。

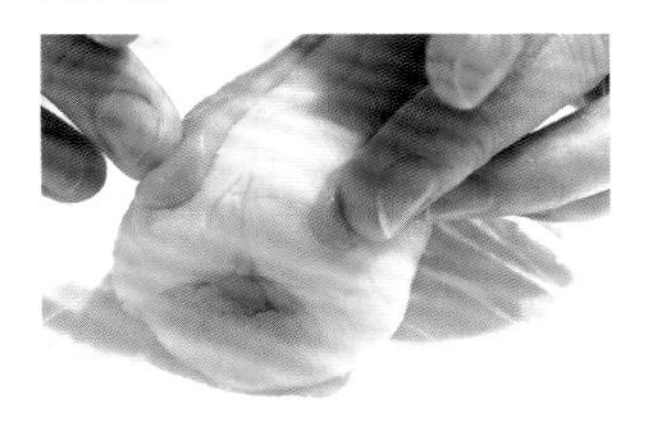

06
接著，將冰硬的步驟 2 麵糰，從兩側上方壓入包好的步驟 5 麵糰。

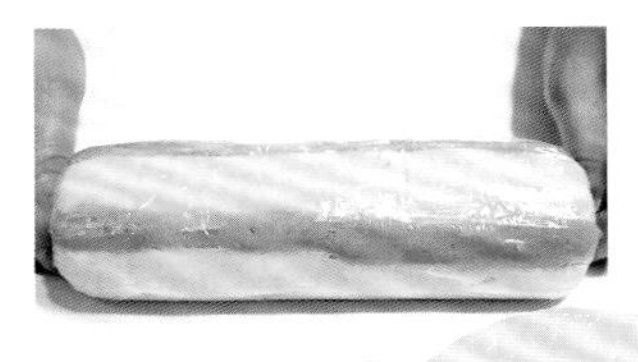

07
再度用保鮮膜包好，放入冰箱冷藏約 1 小時左右。

呼～真的要有耐心喲！因為麵糰在室溫會越來越軟，所以每個步驟都必須放進冰箱定型，做出來的餅乾才會好看。

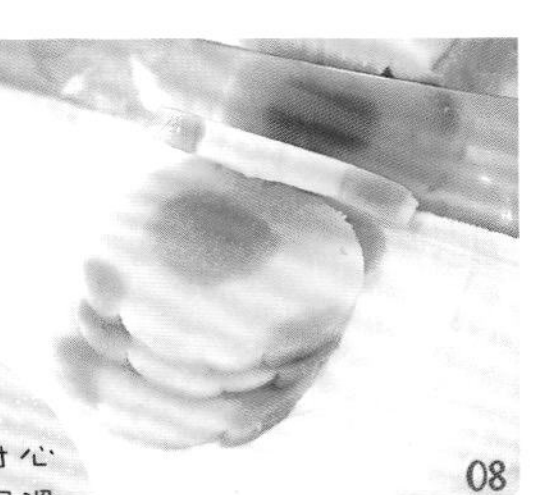

08
冰硬後的麵糰趕緊切開來看看！

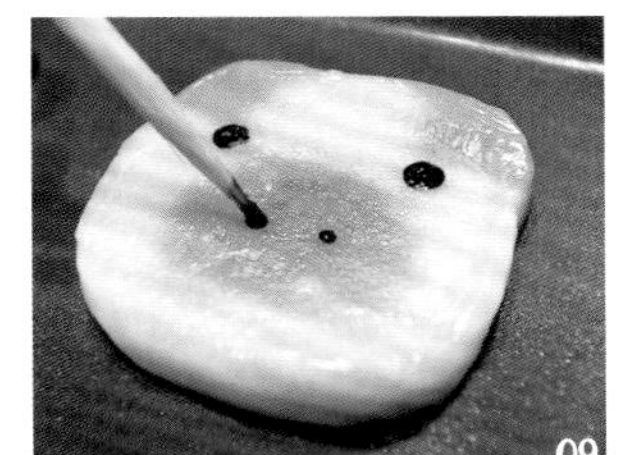

09
用竹籤平端沾調色蛋黃液後點上眼睛，再用尖端點上鼻子，最後放入預熱 180 度烤箱烘烤約 15 ～ 20 分就烤好小豬了。

一群小狗狗，坐在大門口

家裡有一隻馬爾濟斯叫二路，
已經陪伴小本很久的時間了～
不時會汪汪叫，提醒小本，
牠一直在這邊……

材料

70g 原味麵糰
150g 原味麵糰 +1 小匙抹茶粉調成綠色
30g 原味麵糰 +1/4 小匙可可粉調成咖啡色

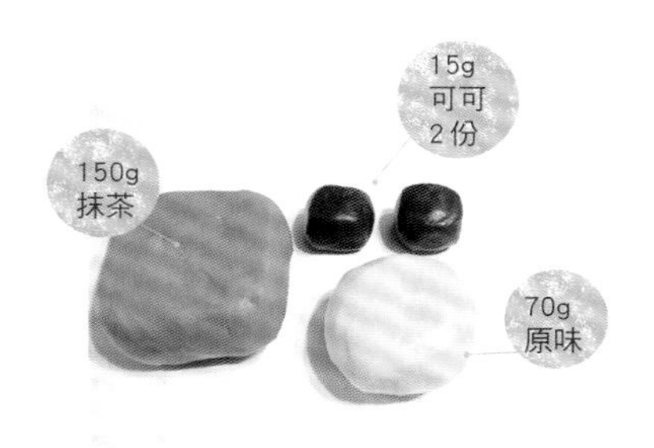

STEP BY STEP

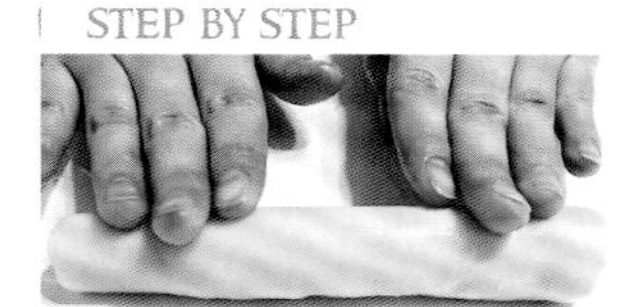

01
150g原味麵糰搓成15公分長條。

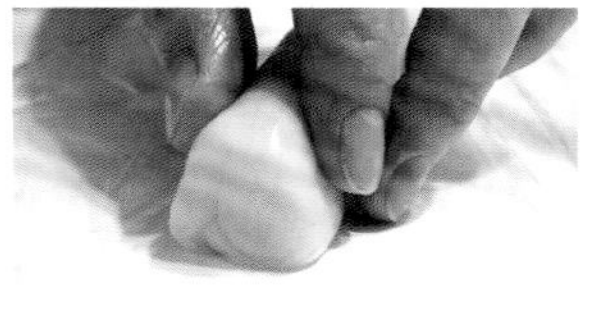

02
捏成上窄下寬的梯形，放在一旁備用。

03
接著將2份15g可可麵糰分別搓成15公分長條。

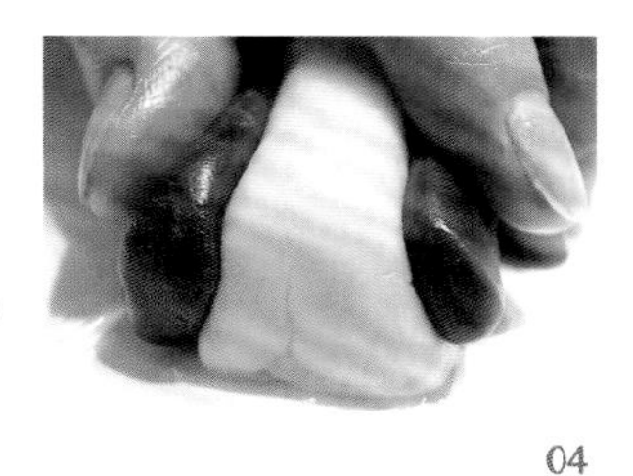

04
可可麵糰分別黏在原味麵糰的兩側，就做成小狗臉形了！

05
把小狗臉麵糰包上保鮮膜，放入冰箱冷凍約20分鐘變硬。

06
150g抹茶麵糰桿成長15公分、寬14公分的方形麵皮。

07
再將冰硬的小狗臉麵糰放在麵皮中間。

08
用抹茶麵皮把小狗臉麵糰包起來，包上保鮮膜後，放入冰箱冷藏至少1小時。

09
當麵糰變硬後，就可以切成0.5公分厚的片狀。

10
最後，用竹籤平端沾調色蛋黃液，點上眼睛，再用尖端畫出笑臉，放入預熱180度烤箱烘烤約15～20分就好囉！

根據腳印研判，狗狗有恐龍那麼大

研究了一下我家二路的狗爪……
嗯～還是我做的比較可愛！
哈哈！

材料

150g 原味麵糰
100g 原味麵糰 +1 小匙特黑可可粉調成咖啡色

STEP BY STEP

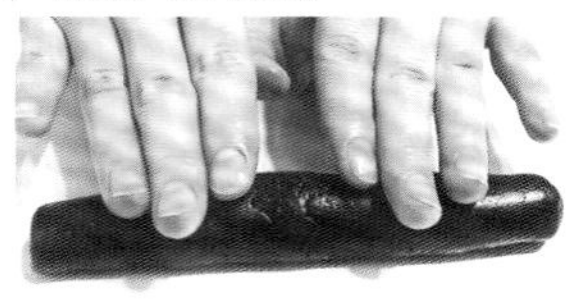

01

先把 60g 可可麵糰搓成 15 公分長條。

02

用竹籤在可可麵糰中間壓出一道凹痕後，跟竹籤一起包上保鮮膜，放到冰箱裡面冷凍約 15 分鐘。

03

接著，把 3 份 10g 原味麵糰與 4 份 10g 可可麵糰，按照步驟圖的順序分別搓成 15 公分長條。

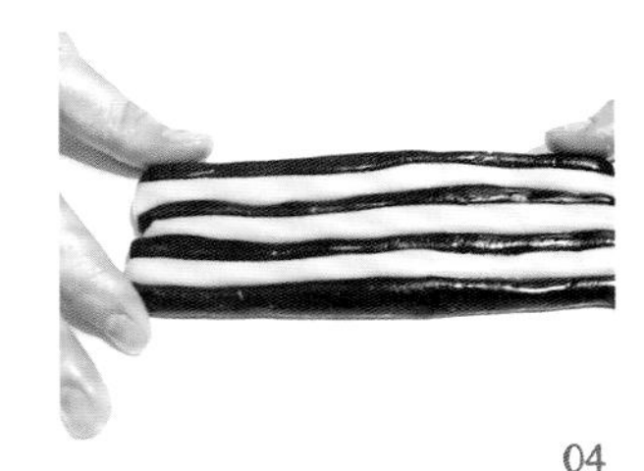

04

搓好長條之後，把七條麵糰併攏，放在一旁備用。

05

接著，把 20g 原味麵糰桿成長 15 公分、寬 5 公分的方形麵皮，再把桿好的麵皮放在步驟 4 的拼裝麵糰上面。

06

拿出冰硬的步驟 2 麵糰，把竹籤拔起來，凹痕朝上，放在步驟 5 的組合麵糰上。

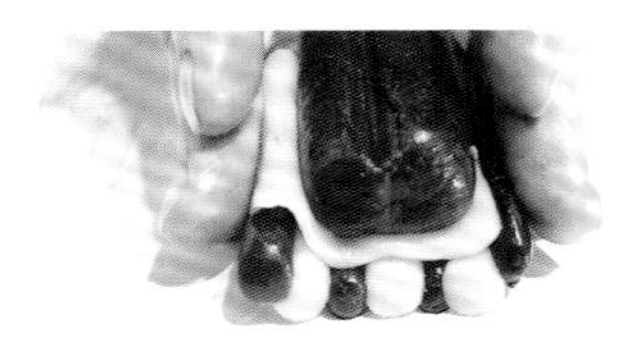

07

輕輕扶著組合麵糰，往上包住可可長形麵糰。為了做出狗狗的掌印，記得不要把圓圓的肉球壓歪囉！

08

用保鮮膜把全部的麵糰包好，放入冰箱冷凍 15 分鐘，就是狗掌印圖案囉！

09

再來將 100g 原味麵糰桿成長 15 公分、寬 14 公分的方形麵皮，再把冰硬的狗掌印麵糰放在原味麵皮中間，切掉兩邊的多餘麵皮。

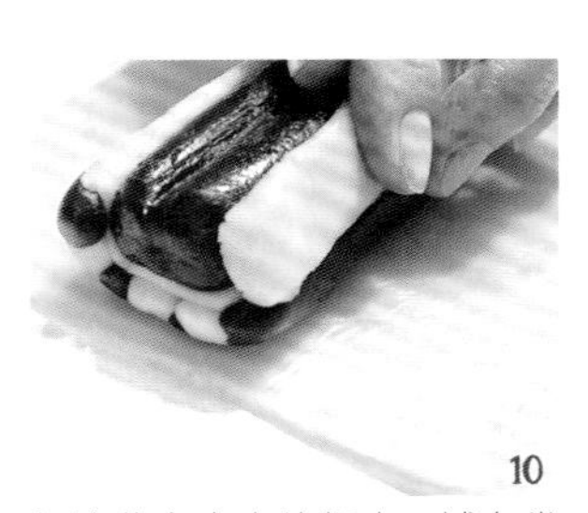

10

把這些多出來的麵皮，補在掌印肉球的縫隙裡面。

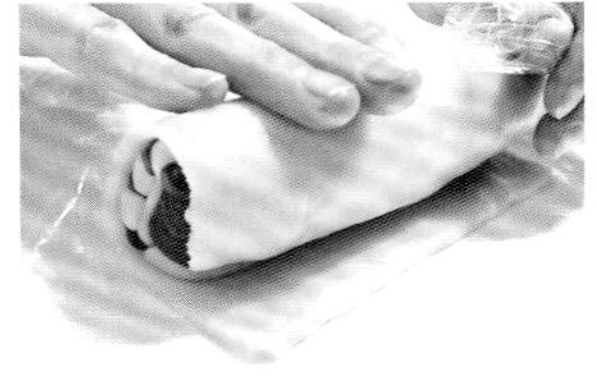

11

然後把麵皮捲起，用保鮮膜包好，放到冰箱裡面冷藏至少 1 小時以上。

12

等麵糰變硬後，就可以取出切成 0.5 公分的片狀，最後放入預熱 180 度烤箱烘烤約 15～20 分鐘，就是狗狗的掌印啦！

在糖霜餅乾單元也有出現，
帥氣的青蛙王子們，
真的是百變造型哦！

擠眉弄眼的青蛙王子

材料

20g 原味麵糰
140g 原味麵糰 +1 小匙抹茶粉調成綠色
90g 原味麵糰 +1 小匙可可粉調成咖啡色

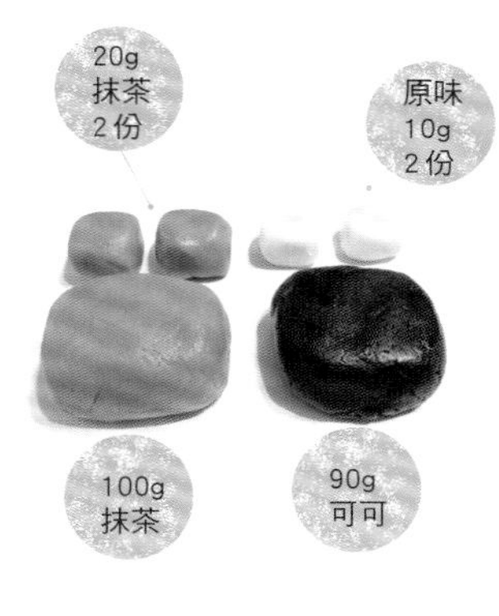

STEP BY STEP

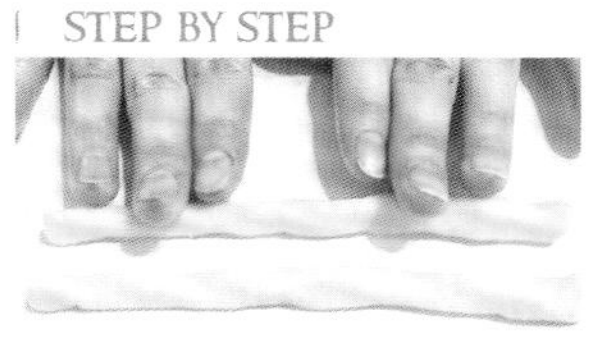
01
把兩份 10g 原味麵糰分別搓成長條，放在一旁備用。

02
兩份 20g 抹茶麵糰都桿成長 15 公分、寬 4 公分的方形麵皮，並在兩份桿好的麵皮上，放步驟 1 的原味麵糰。

03
接著，分別用抹茶麵皮把原味麵糰包起來，包上保鮮膜後，放到冰箱冷凍約 15 分鐘變硬。

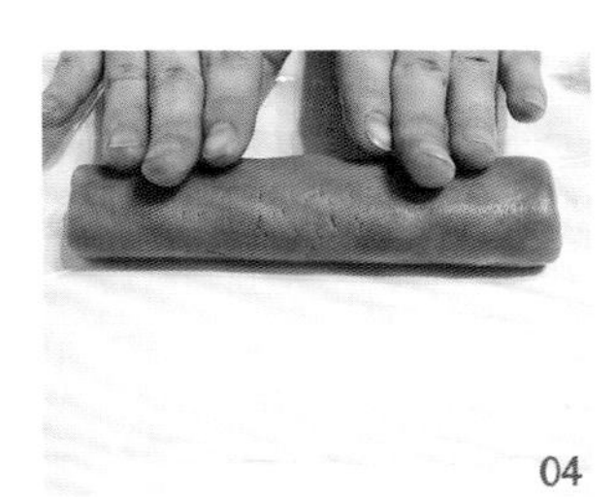
04
接著，把 100g 抹茶麵糰搓成 15 公分長條。

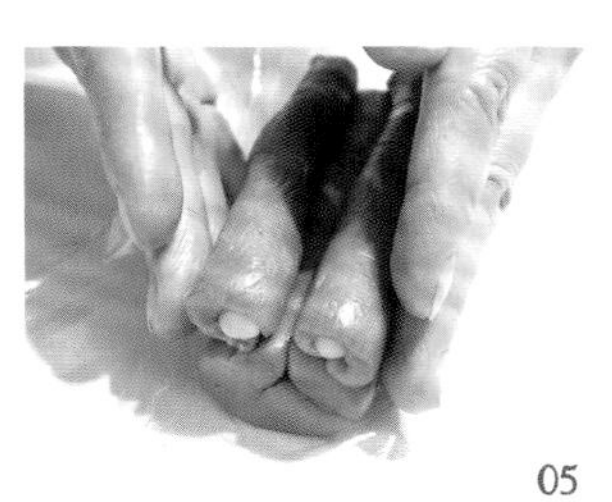
05
拿出兩份冰硬的步驟 3 麵糰，放在步驟 4 的抹茶麵糰上方，就做成青蛙臉了！

06
把青蛙臉麵糰包上保鮮膜，放入冰箱冷凍約 20 分鐘變硬。

07
90g 可可麵糰桿成長 15 公分、寬 14 公分的方形麵皮，再把冰硬的青蛙臉麵糰放在中間的位置上。

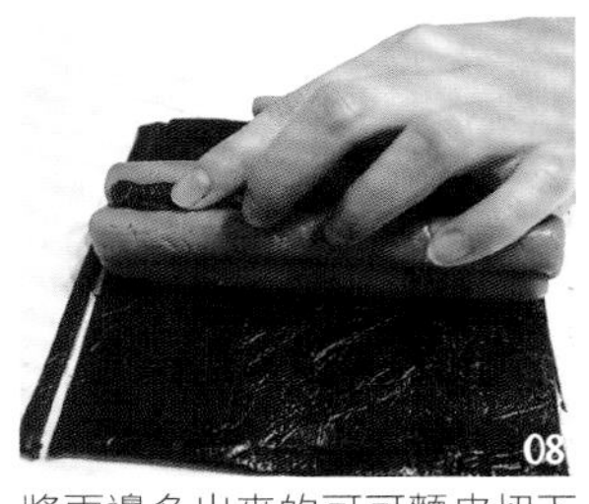
08
將兩邊多出來的可可麵皮切下來，填到青蛙眼睛間的縫隙裡面。

09
用可可麵皮把青蛙臉麵糰捲起來，包上保鮮膜，放入冰箱冷藏至少 1 小時。

10
等麵糰變硬了，就可以拿出來切成 0.5 公分厚的片狀囉！

11
最後，用竹籤平端沾調色蛋黃液，點上眼睛，再用尖端畫出微笑表情，放入預熱 180 度烤箱烤 15 ～ 20 分鐘後，就是一排排表情多變的青蛙哦！

小蜜蜂，嗡嗡嗡～

跟小蜜蜂一樣忙碌地奮鬥！
小本對每一片餅乾～
都是付出所有心力的哦！

材料

150g 原味麵糰
40g 原味麵糰 +1/4 小匙竹炭粉調成黑色
60g 原味麵糰 +1/2 大匙黃金乳酪粉調成橘色
額外裝飾：杏仁片和蛋液適量

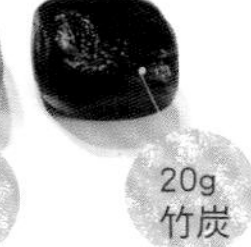

做好的生麵糰放在冰箱冷藏，能保存 3 天左右，如果是放冷凍庫保存的話，可以保存約 1 個月哦！

STEP BY STEP

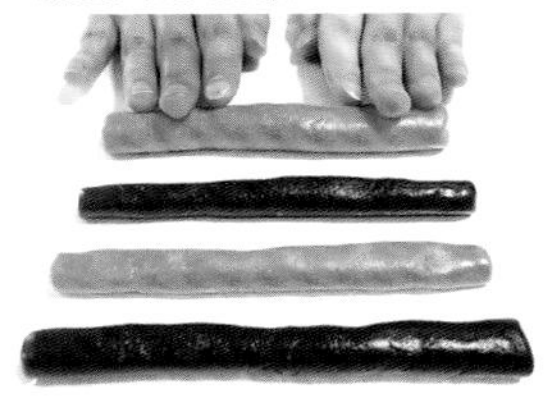

01

將乳酪與竹炭麵糰分別搓成 15 公分長條。

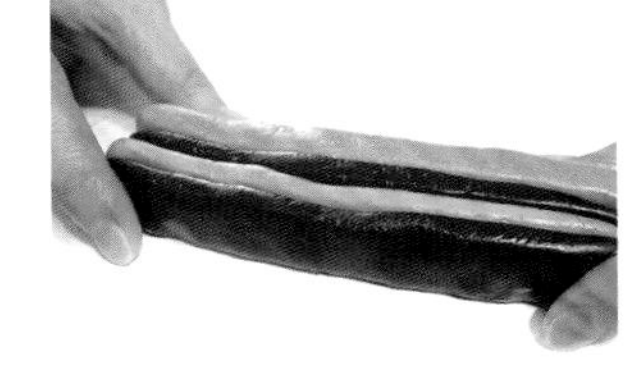

02

依照圖片的排列方式，把搓好的 40g 乳酪麵糰排在第 1 個，20g 竹炭麵糰排第二，再把 20g 乳酪麵糰排第三，最後拼上第二份 20g 竹炭麵糰。

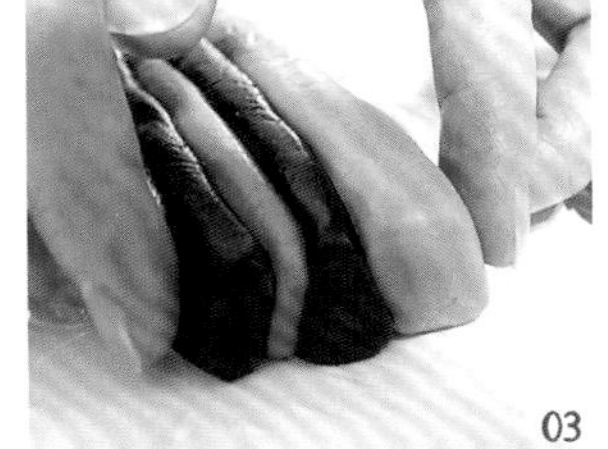

03

把拼好的麵糰往中間併攏，再整個用手捏成長方形，就是蜜蜂的身體囉！

04

把蜜蜂身體麵糰包上保鮮膜，放入冰箱冷凍約 20 分鐘變硬。

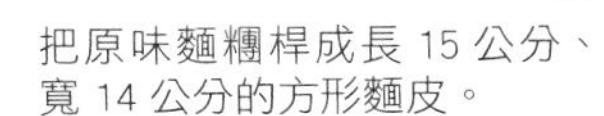

05

把原味麵糰桿成長 15 公分、寬 14 公分的方形麵皮。

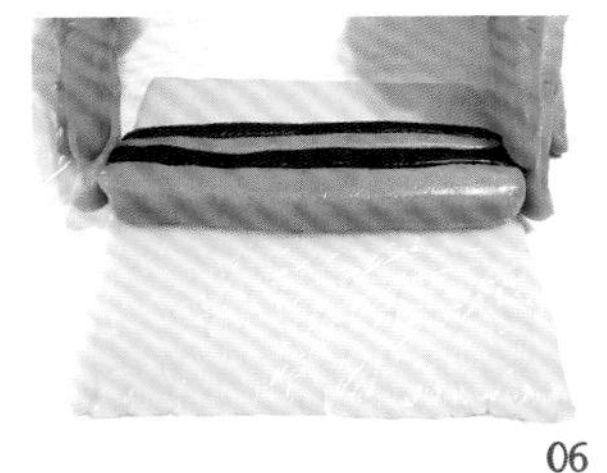

06

將冰硬的步驟 4 麵糰放在麵皮中央。

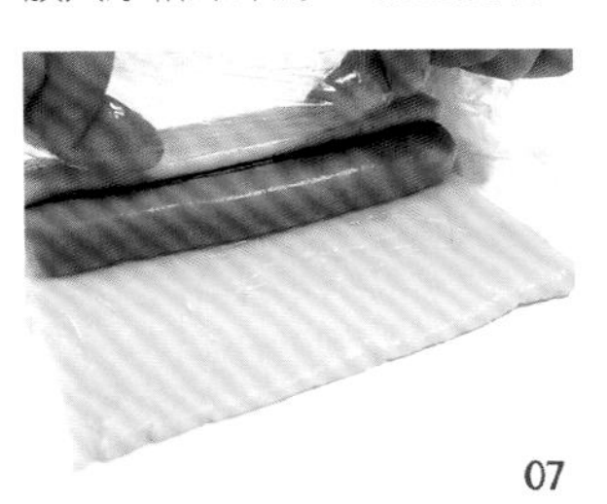

07

順勢把麵糰捲起後，包上保鮮膜，再一次放入冰箱冷藏至少 1 小時。

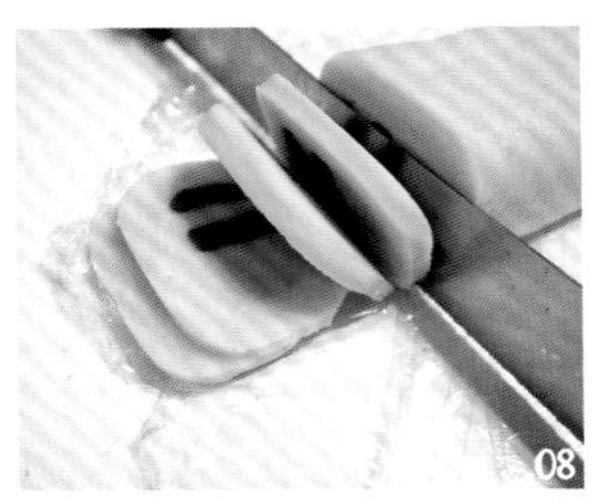

08

當麵糰變硬後，就可取出切成 0.5 公分厚的片狀了。

09

用竹籤尖端沾調色蛋黃液，點上眼睛，再畫表情和觸角，把生杏仁片沾上蛋白，黏在蜜蜂背上後，放入預熱 180 度烤箱烘烤約 15 ～ 20 分即可。

美麗小瓢蟲，身穿點點衣

拼裝冰箱餅乾的過程，
一定是塑形、組合和包覆，
所以，
一開始想好有哪些形狀要組合，
是最關鍵的哦！

材料

100g 原味麵糰
60g 原味麵糰 +1/4 小匙竹炭粉調成黑色
90g 原味麵糰 +1 小匙紅麴粉或紫山藥粉調成粉紅色

STEP BY STEP

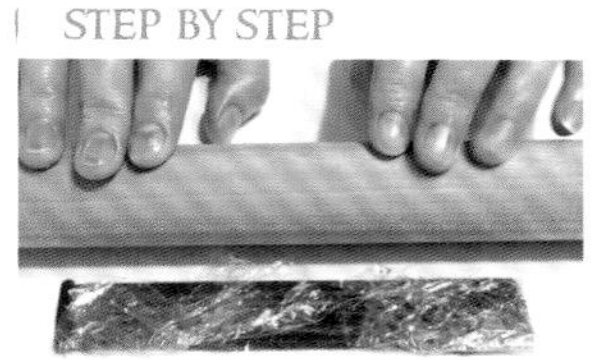

01

先把 10g 竹炭麵糰桿成長 15 公分、寬 3 公分的方形麵皮，放入冰箱冷凍約 10 分鐘。

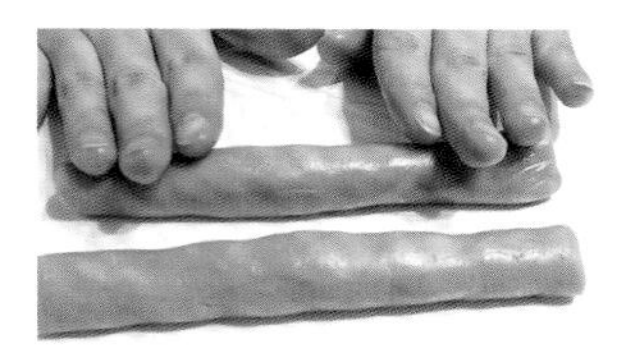

02

接著，把兩份紅麴麵糰分別搓成 15 公分長條。

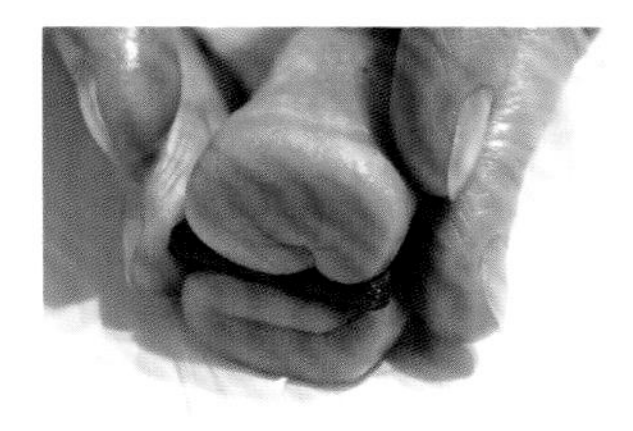

03

在揉好的兩份紅麴麵糰中夾入冰硬的步驟 1 麵皮。

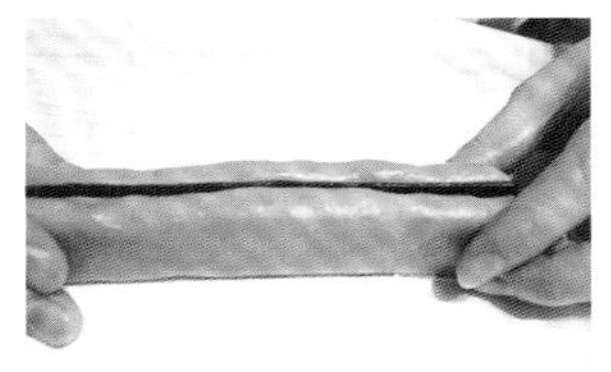

04

把三份麵糰靠攏，整成方形麵糰，放在一旁備用。

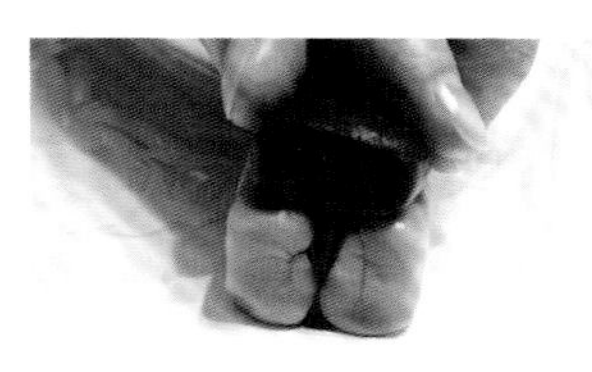

05

把 50g 竹炭麵糰搓成 15 公分長條後，放在步驟 4 麵糰上面。

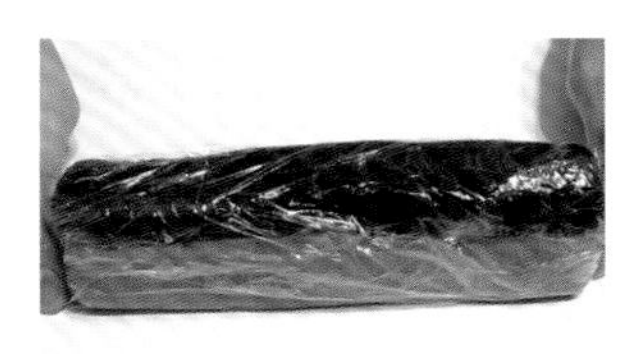

06

包上保鮮膜，稍微滾一下，把麵糰整成圓形後，放入冰箱冷凍約 20 分鐘變硬。

07

將 100g 原味麵糰桿成長 15 公分、寬 14 公分的方形麵皮，再把冰硬的步驟 6 放在原味麵皮中央。

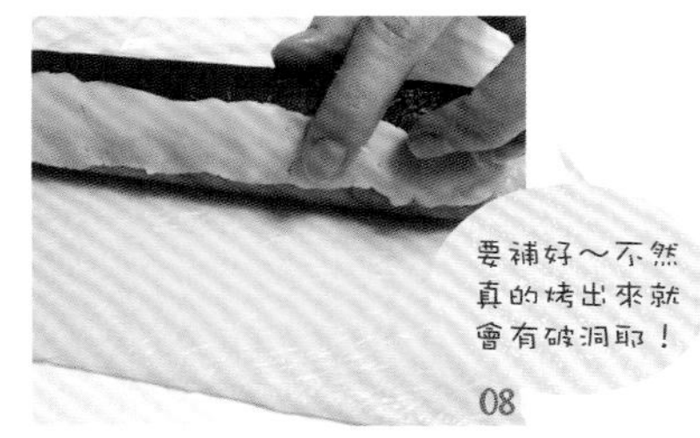

08

切下兩邊的多餘麵皮，補到頭部兩側的縫隙裡面。

09

用原味麵皮把麵糰捲起，用保鮮膜包好，放入冰箱冷藏至少 1 小時。

10

當麵糰變硬後，就可以拿出來切成 0.5 公分厚的片狀了。

11

最後，用竹籤平端沾調色蛋黃液後，點上翅膀花紋，再用竹籤的尖端畫好觸鬚，放入預熱 180 度烤箱烘烤約 15 ～ 20 分鐘，美麗的瓢蟲輕鬆完成！

左搖右擺，捕魚去的企鵝大隊

材料

130g 原味麵糰

100g 原味麵糰 +1/2 小匙竹炭粉調成黑色

20g 原味麵糰 +1/4 小匙黃金乳酪粉調成橘色

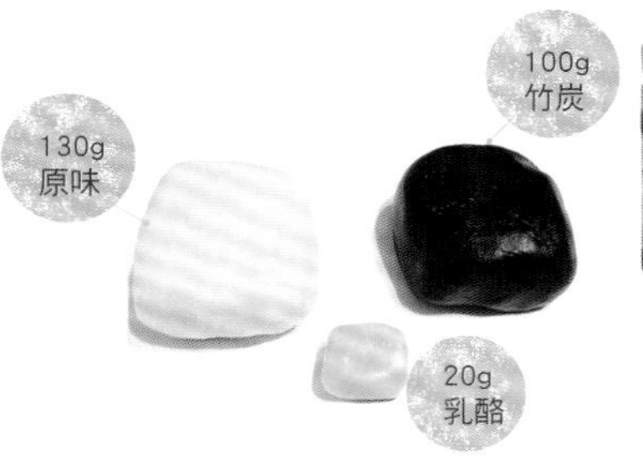

STEP BY STEP

01
把乳酪麵糰搓成 15 公分長條，包上保鮮膜，放到冰箱裡面冷凍約 10 分鐘。

02
原味麵糰桿成長 15 公分、寬 7 公分的方形麵皮。

03
再把冰好的乳酪長麵糰，放在中間的位置上。

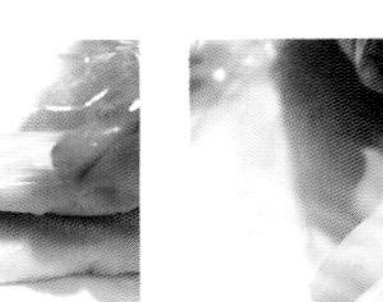

04
將原味麵皮包著乳酪長麵糰，慢慢捲起包好。

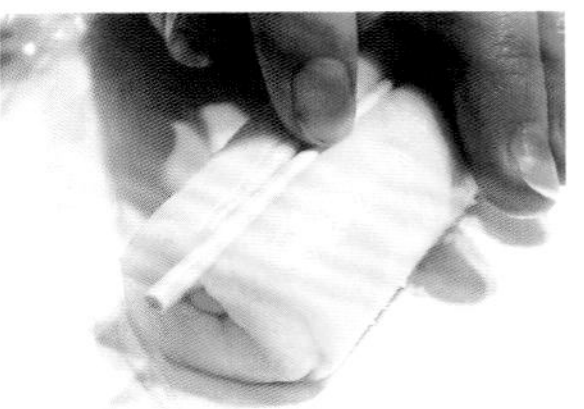

05
然後，在包好的麵糰中間用竹籤壓出一道凹痕。

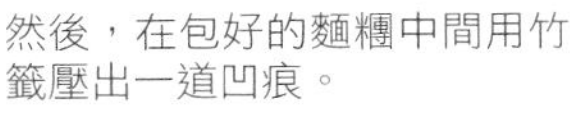

06
連竹籤一起包上保鮮膜，放入冰箱冷凍約 15 ～ 20 分鐘。

07
黑色麵糰桿成長 15 公分、寬 8 公分的方形麵皮，再把已經冰硬的步驟 6 麵糰上的竹籤拿起來，凹痕朝下，放在桿好的黑色麵皮中間。

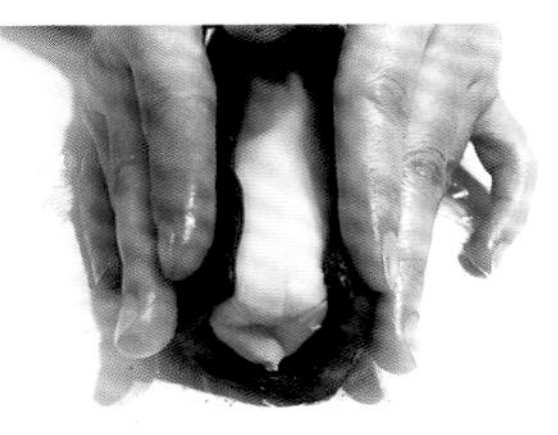

08
用黑色麵糰皮包住原味麵糰，留下約 1/3 的部分。

09
再包上保鮮膜，放入冰箱冷藏 1 小時以上。

10
當麵糰變硬後，就可以取出來，切成 0.5 公分厚的片狀了。

11
用竹籤平端沾調色蛋黃液，點上眼睛，放入預熱 180 度烤箱烘烤約 15 ～ 20 分就完成啦！

熊貓圓滾滾的～又毛茸茸的，
做成餅乾也超可愛的！
我又捨不得吃了～

材料

160g 原味麵糰
90g 原味麵糰 +1/4 小匙竹炭粉

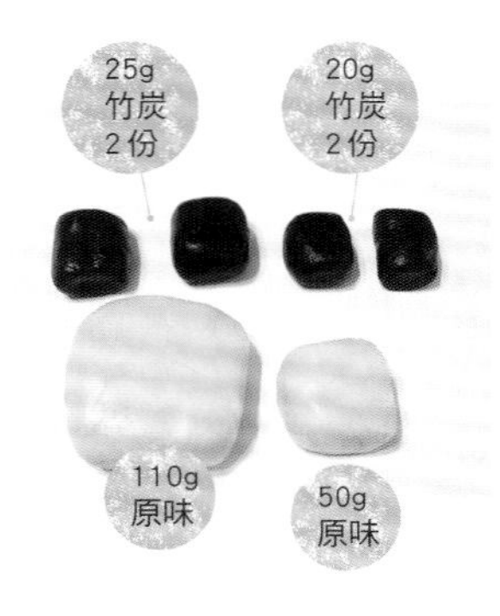

STEP BY STEP

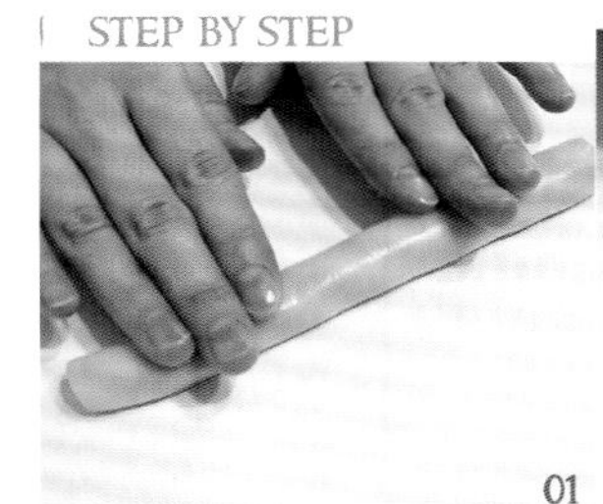

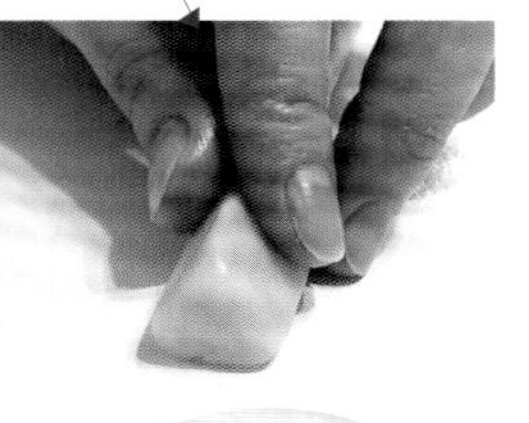

01

把 50g 的原味麵糰搓成 15 公分長條，再捏成三角形，放在一旁備用。

02

然後把 20g 的竹炭麵糰 2 份，也各自搓成 15 公分長條。

03

把步驟 2 麵糰黏在三角形原味麵糰兩邊，包上保鮮膜，放到冰箱冷凍約 15 分鐘。

04

110g 原味麵糰桿成長 15 公分、寬 10 公分的方形麵皮，再把剛剛組合好的麵糰放在麵皮中間。

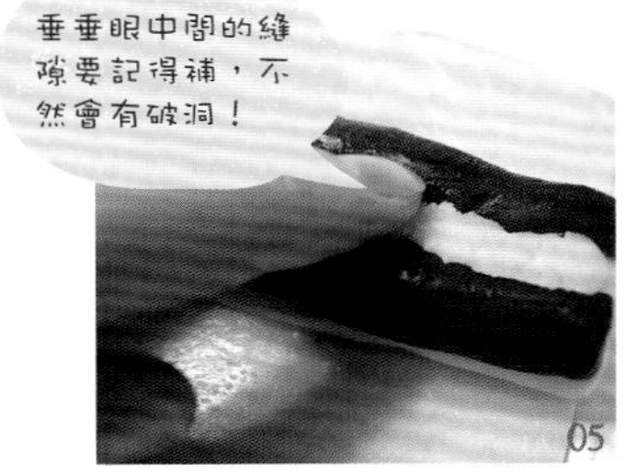

05

把多出來的麵皮切下來，補在兩條竹炭麵糰的縫隙裡面。

06

用原味麵皮把麵糰捲起包好，放在一旁備用。

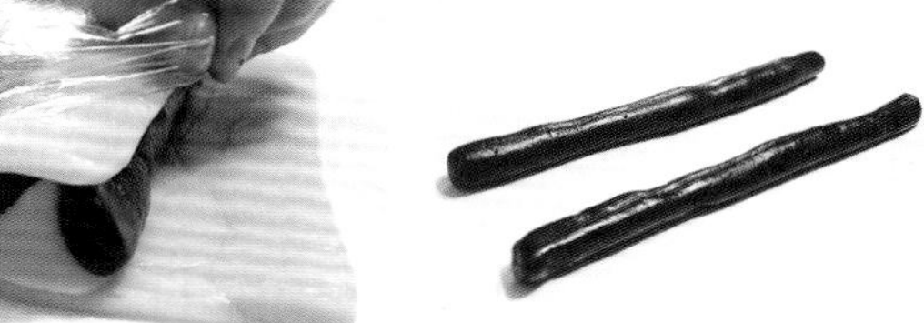

07

接著，把兩條 25g 竹炭麵糰分別搓成 15 公分長條。

08

然後，把搓好的竹炭麵糰貼在步驟 6 麵糰上，就做好熊貓臉了！

09

熊貓臉麵糰包上保鮮膜後，放到冰箱裡面冷藏至少 1 小時。

10

當麵糰變硬後，就可以取出切成 0.5 公分厚的片狀，最後，放入預熱 180 度烤箱烘烤約 15～20 分就完成啦！

幸運的四葉草

自古以來，
四葉草一直是人們
心目中幸運的象徵，
因此又稱「幸運草」，
但是，
新鮮的四葉草好難找
自己做，
要多少幸運就有多少～

材料

130g 原味麵糰

120g 原味麵糰＋ 1/2 小匙抹茶粉調色成綠色麵糰

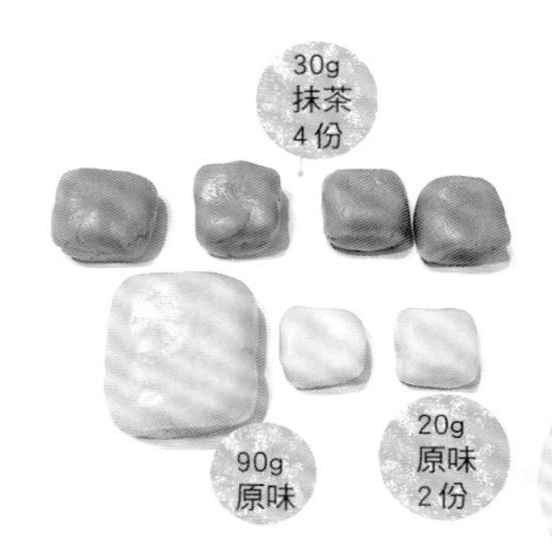

STEP BY STEP

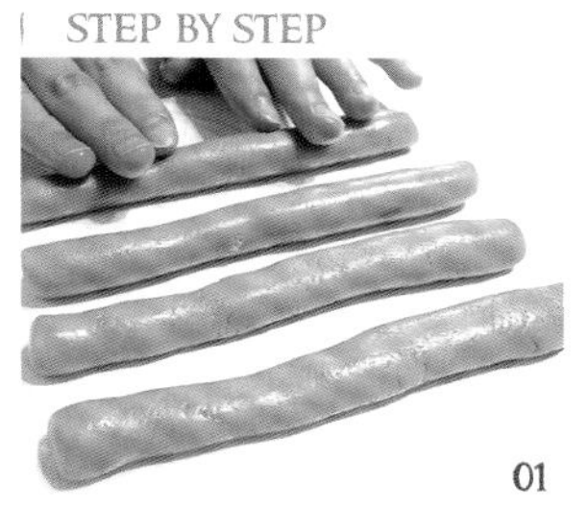
01
把 4 份 30g 抹茶麵糰分別搓成 15 公分長條。

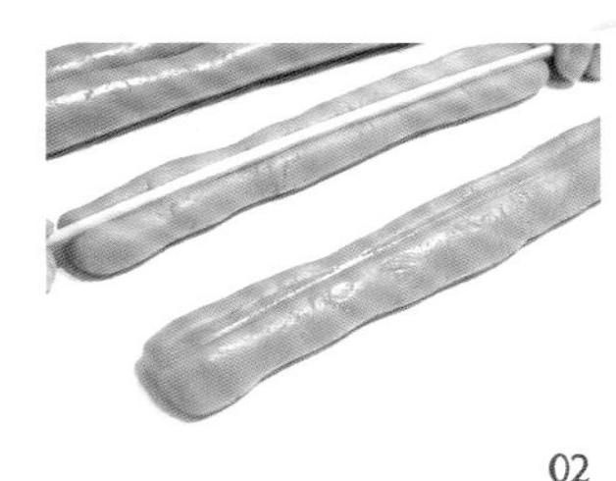
02
用竹籤在抹茶麵糰上面壓出凹槽，注意要壓在中間的地方。

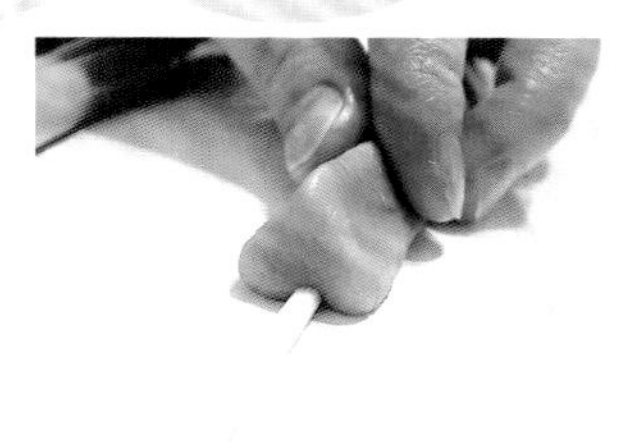
03
然後把抹茶麵糰翻面，竹籤朝下，輕輕捏成三角形。

04
把四個愛心圖案都做好後，跟竹籤一起包上保鮮膜，放入冰箱冷凍約 20 分鐘。

05
兩份 20g 的原味麵糰分別桿成長 15 公分、寬 4 公分的方形麵皮。

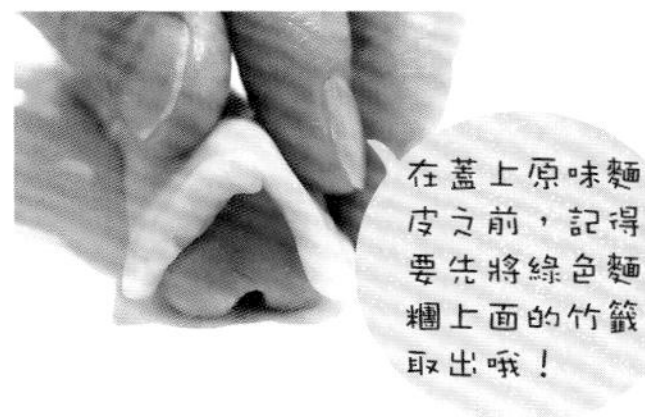

06
再分別覆蓋在兩份冰硬的綠色心形麵糰上。

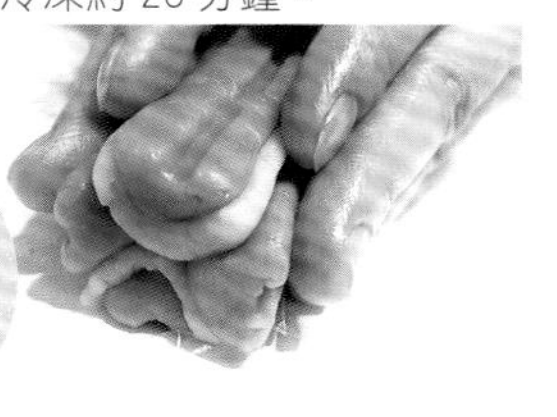
07
然後，把步驟 5 的愛心圖案上下組合，再把剩下的兩份綠色麵糰，拼到左右兩邊，就做成四葉草形狀了！

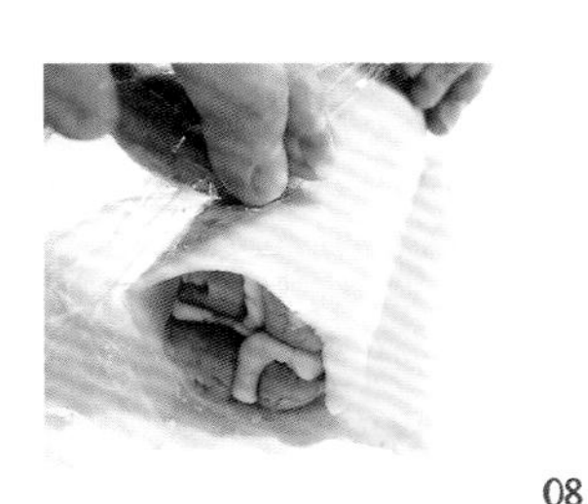
08
90g 原味麵糰桿成長 15 公分、寬 14 公分的方形麵皮，再把四葉草麵糰放在原味麵皮中間，捲起來。

09
用保鮮膜包好麵糰之後，放到冰箱裡面，冷藏至少 1 小時以上。

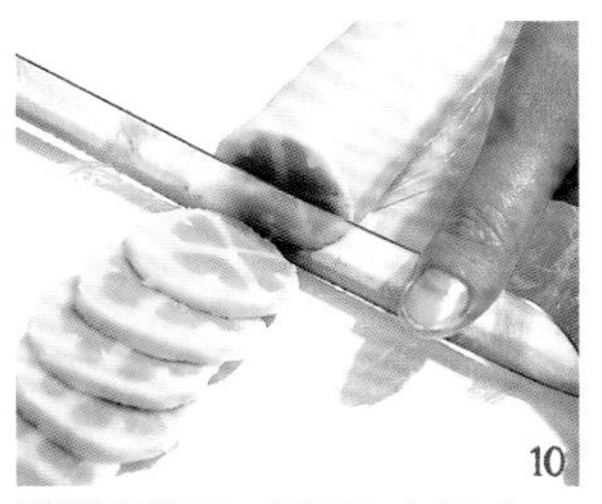
10
當麵糰變硬，就可取出切成 0.5 公分片狀，最後，放入預熱 180 度烤箱烘烤約 15 ～ 20 分鐘，就是漂亮的四葉草餅乾。

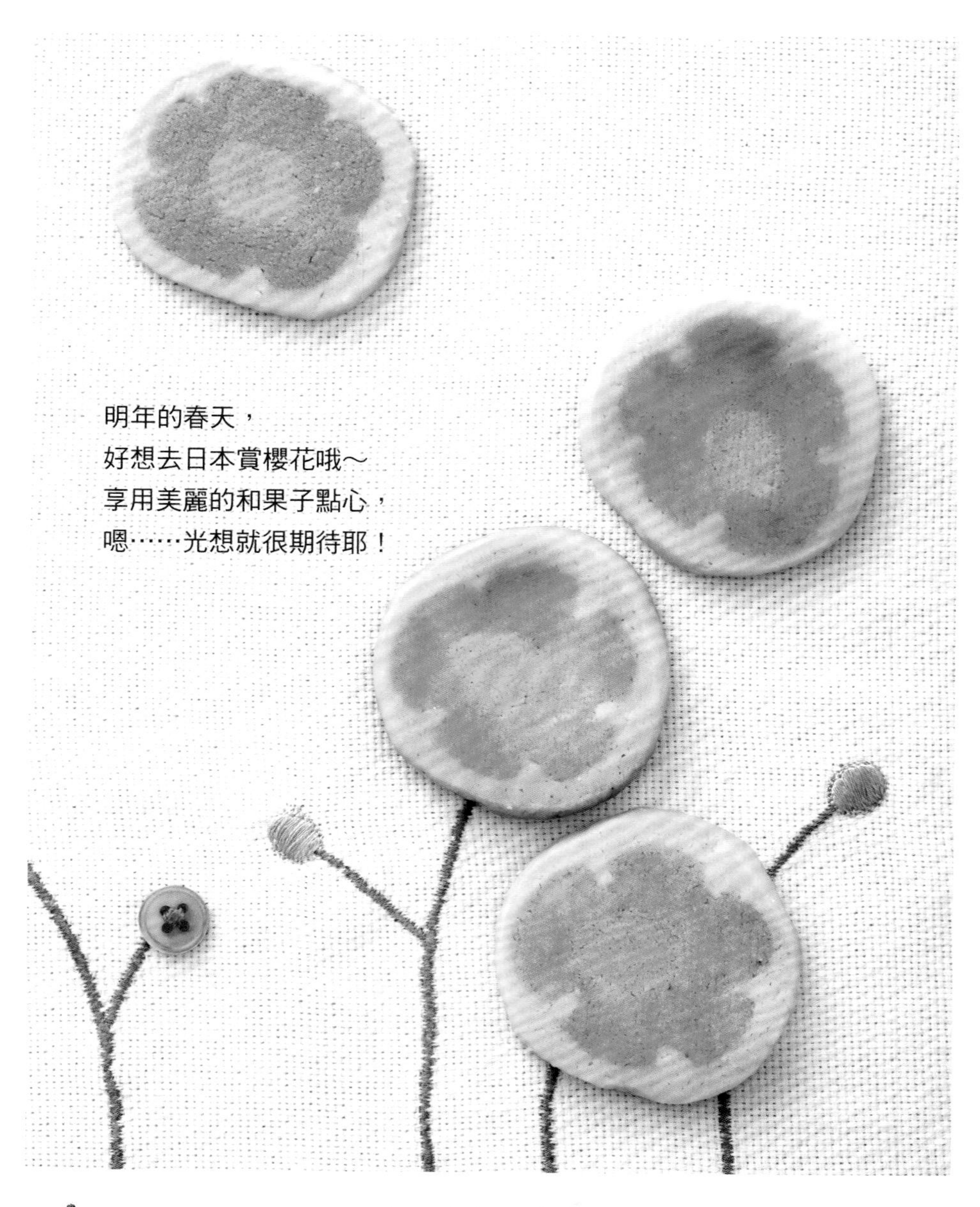

美麗的花兒，朵朵綻放～

材料

100g 原味麵糰
130g 原味麵糰 +1 小匙紅麴粉或山藥粉調成粉紅色
20g 原味麵糰＋ 1/4 小匙乳酪粉調成橘色

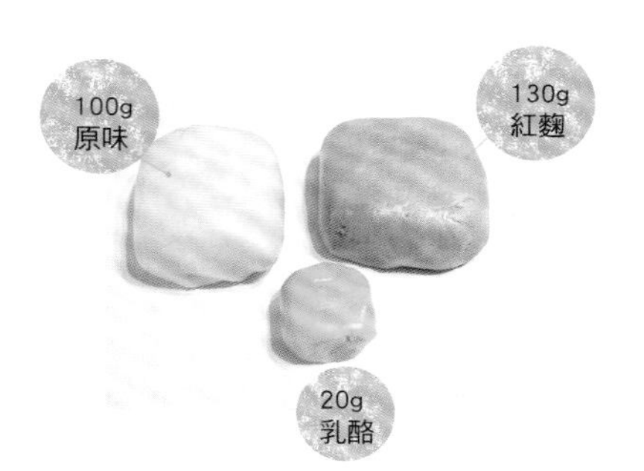

這邊用竹籤，是為了壓出漂亮的五瓣花瓣哦！記得竹籤之間的間隔要平均，不然花瓣會歪歪的！

STEP BY STEP

01

先將乳酪麵糰搓成 15 公分長條，然後包上保鮮膜，放到冰箱冷凍約 10 分鐘。

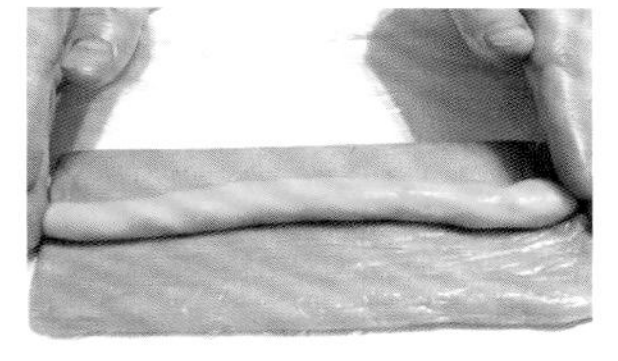

02

接著，把紅麴麵糰桿成長 15 公分、寬 7 公分的方形麵皮，再把冰硬的乳酪麵糰，放在紅麴麵皮中間。

03

用紅麴麵皮把乳酪麵糰輕輕包起來。

04

準備五支竹籤，平均地環繞在紅麴麵糰四周。

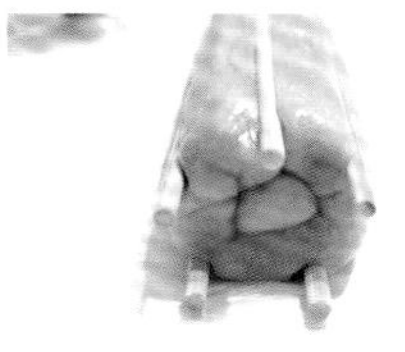

05

然後把竹籤輕壓，讓凹痕更加明顯。

06

麵糰和竹籤一起包上保鮮膜，放到冰箱冷凍約 15 ~ 20 分鐘，就做成花形圖案囉！

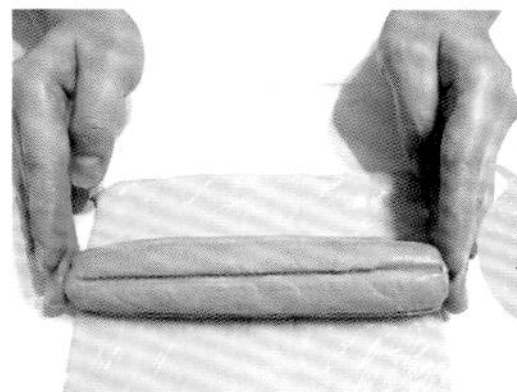

記得先把牙籤拿起來哦！

07

把 100g 原味麵糰包上保鮮膜，桿成長 15 公分、寬 14 公分的方形麵皮，再把冰硬的花形麵糰，放在原味麵皮中間。

08

用原味麵皮把花形麵糰裹起來包好，記得使用原來的保鮮膜邊拉邊捲哦！

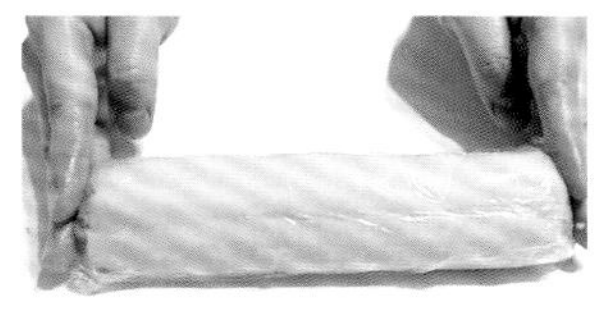

09

將保鮮膜包好的麵糰放到冰箱裡面，冷藏至少 1 小時。

10

當麵糰變硬後，就可以取出切成 0.5 公分的片狀，再放入預熱 180 度烤箱烘烤約 15 ~ 20 分鐘，香噴噴的花朵餅乾就出現囉！

來一片
清涼消暑的西瓜吧！

天氣很熱的時候，
就想要吃剉冰、吃西瓜，
不過都是寒的，
女生少吃比較好喲！

材料

170g 原味麵糰 +1 小匙山藥粉或紅麴粉
80g 原味麵糰 +1/2 小匙抹茶粉

STEP BY STEP

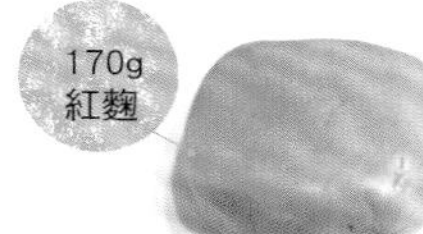

01
原味麵糰個別加入紅麴粉與抹茶粉，慢慢揉成顏色均勻的麵糰。

02
接著把紅麴麵糰搓成 15 公分長條狀，用保鮮膜包好，放入冰箱冷凍約 20 ～ 30 分鐘。

03
把抹茶麵糰包上一層保鮮膜，桿成長 15 公分、寬 14 公分的方形麵皮。

04
撕下抹茶麵皮一側的保鮮膜，將紅麴麵糰放上來，順著用抹茶麵皮捲起來，再包上保鮮膜放入冰箱冷藏至少 1 小時，讓麵糰變硬。

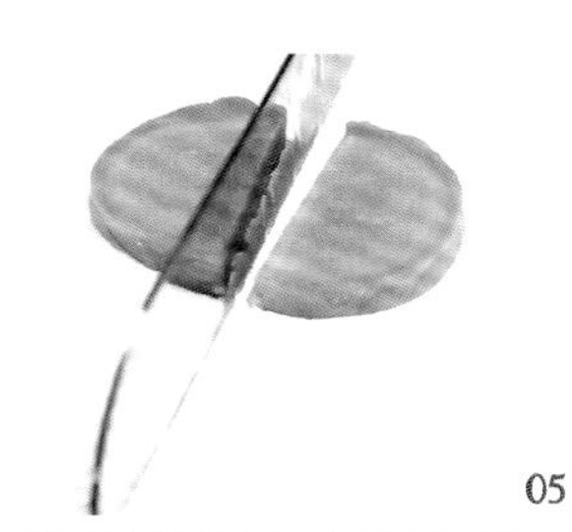

05
將原味麵糰個別加入可可粉與紅麴粉，揉成顏色均勻的麵糰。

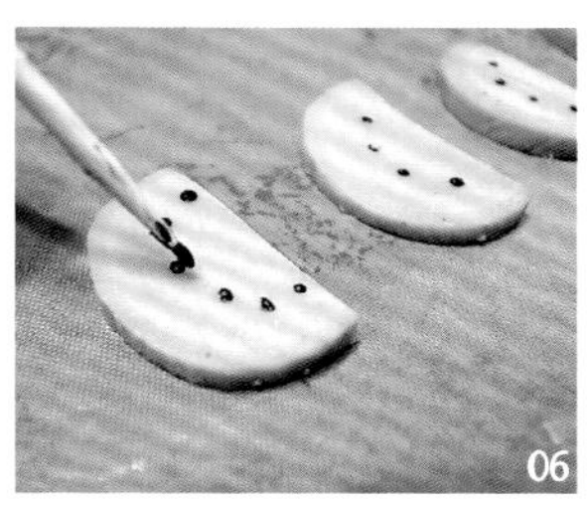

06
最後，用竹籤尖端沾上調色蛋黃液，在切片西瓜上面點種子，接著用預熱 180 度烤箱烘烤約 15 ～ 20 分鐘，就大功告成啦！

蛋黃液是最方便的，平常做菜的時候留一點蛋黃起來就行囉！不想用蛋黃液，巧克力隔水加熱畫在烤好的餅乾上也可以的。

酸甜戀愛的草莓滋味～

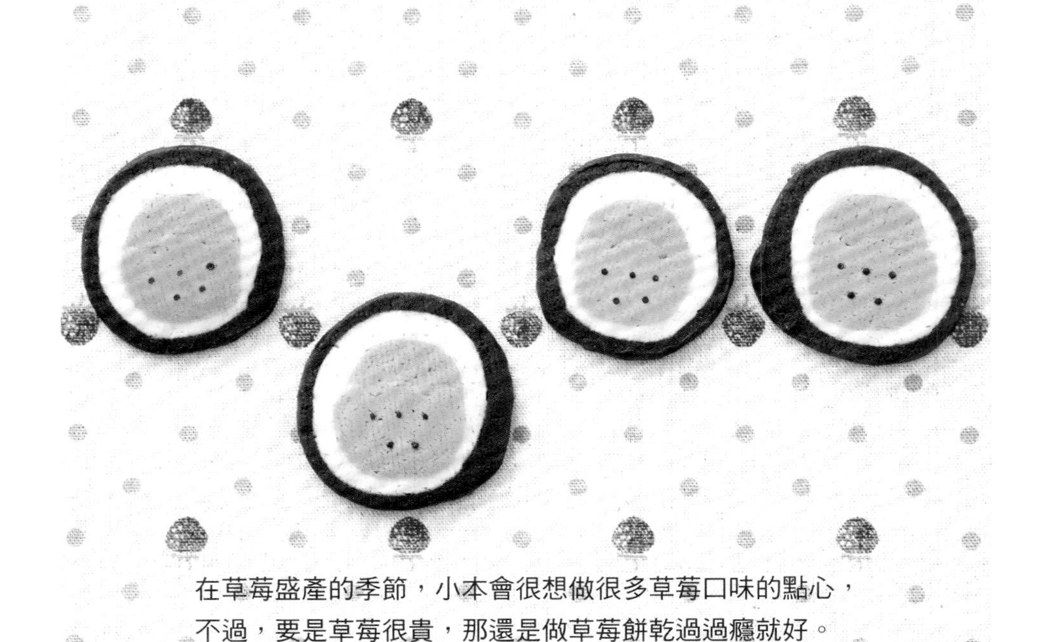

在草莓盛產的季節，小本會很想做很多草莓口味的點心，
不過，要是草莓很貴，那還是做草莓餅乾過過癮就好。

材料

80g 原味麵糰
80g 原味麵糰 +1 小匙可可粉調成咖啡色
60g 原味麵糰 +1/2 小匙紅麴粉調成粉紅色
30g 原味麵糰 + 少許抹茶粉調成綠色

STEP BY STEP

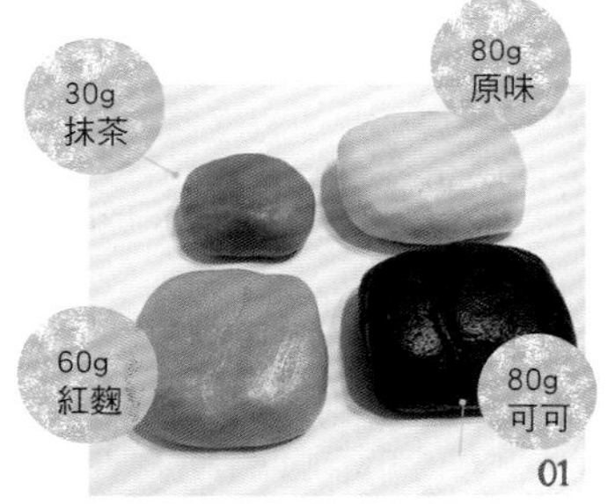

將原味麵糰個別加入可可粉、紅麴粉與抹茶粉，揉成顏色均勻的麵糰。

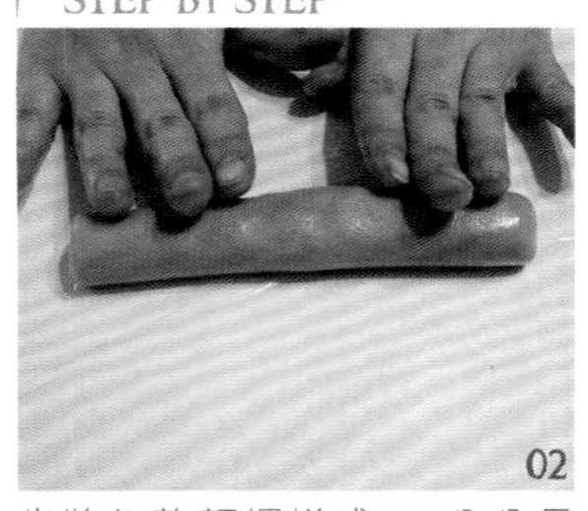

先將紅麴麵糰搓成 15 公分長條。

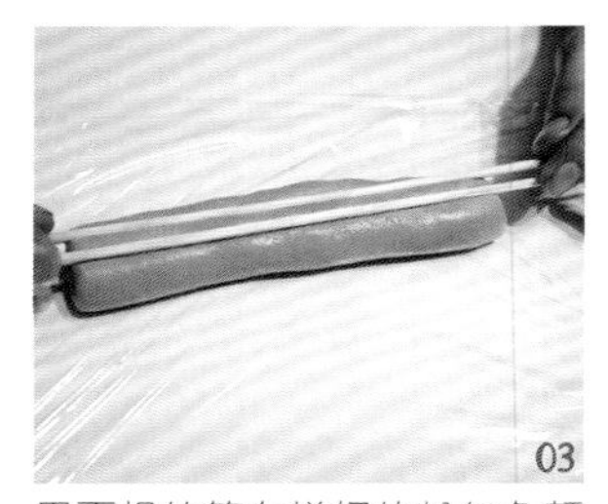

用兩根竹籤在搓好的粉紅色麵糰上，壓出兩道凹痕。

04
將麵糰連同竹籤一起包上保鮮膜，放入冰箱冷凍約 20 分鐘。

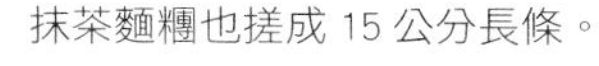

05
抹茶麵糰也搓成 15 公分長條。

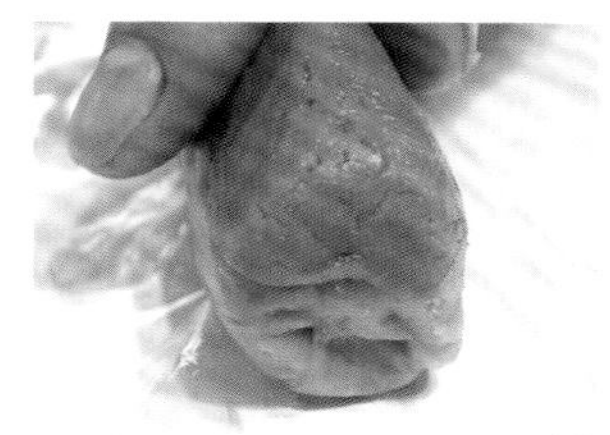

06
取出冰硬的紅麴麵糰，將綠色麵糰拼在紅麴麵糰上，並把抹茶麵糰輕輕捏成三角形。

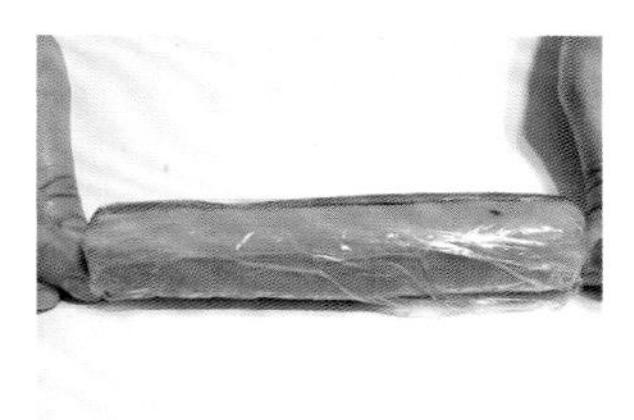

07
把拼好的麵糰包上保鮮膜，放入冰箱冷凍約 20 分鐘。

08
將原味麵糰包上保鮮膜，直接桿成長 15 公分、寬 8 公分的方形麵皮。

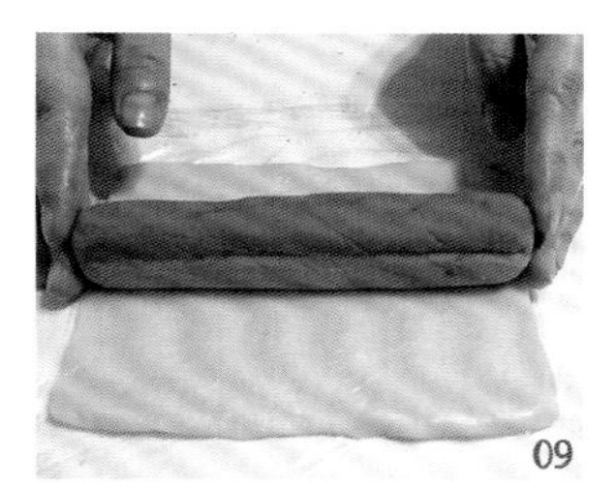

09
把剛剛冰硬的草莓麵糰長條，放在原味麵皮的中間。

10
用原味麵皮捲起來，先放在一旁備用。

11
把可可麵糰包上保鮮膜，直接桿成長 15 公分、寬 14 公分的方形麵皮。

12
將步驟 10 的麵糰包入，這樣就會有好看的咖啡色框框了。

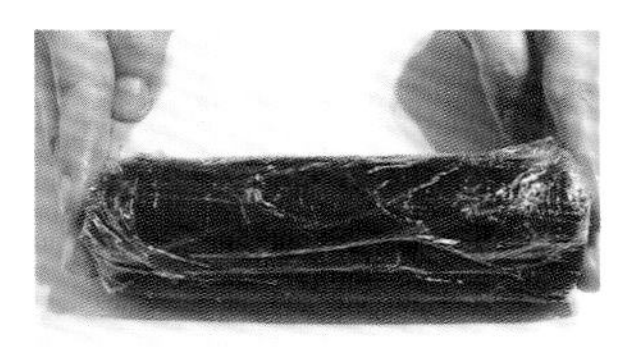

13
接著用保鮮膜把麵糰包起來，放入冰箱冷藏至少 1 小時，讓麵糰冰硬。

14
取出冰硬的麵糰，切成 0.5 公分片狀。

15
最後，以竹籤尖端沾上調色蛋黃液，點上草莓種子後，放入預熱 180 度的烤箱烘烤約 15 ～ 20 分，就有可愛的草莓餅乾囉！

我的一顆心，獻給一個人

利用竹籤做冰箱餅乾，
是方便又基本的活用技巧，
大家多多嘗試廚房小物，
會有意想不到的收穫哦！

材料

140g 原味麵糰 +1 小匙可可粉調成咖啡色
110g 原味麵糰 +1 小匙紅麴粉調成粉紅色

STEP BY STEP

01
將原味麵糰各別加入可可粉與紅麴粉，揉成顏色均勻的麵糰。

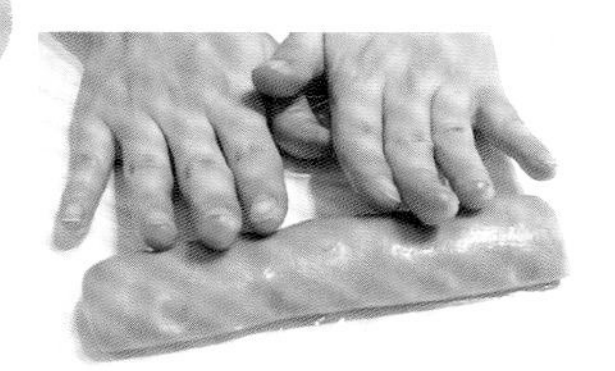

02
將紅麴麵糰搓成 15 公分長的條狀。

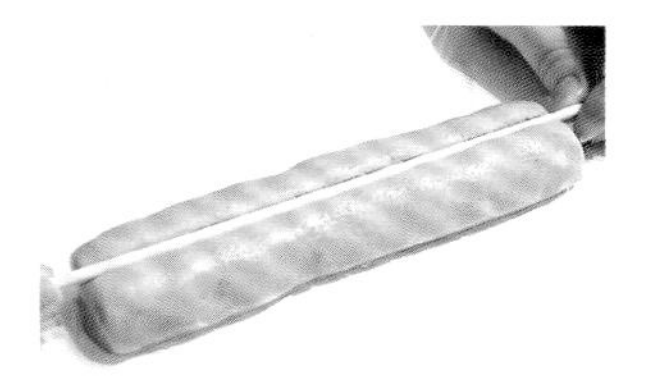

03
用竹籤壓在搓好的紅麴麵糰上。

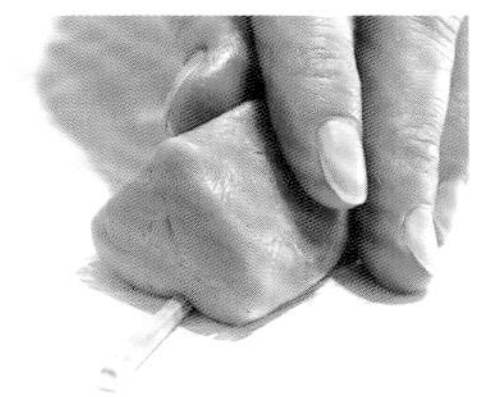

04
連同竹籤一起翻面，把麵糰捏成三角形。

05
接著包上保鮮膜，連同竹籤放進冰箱冷凍約 20 分鐘，讓麵糰變硬。

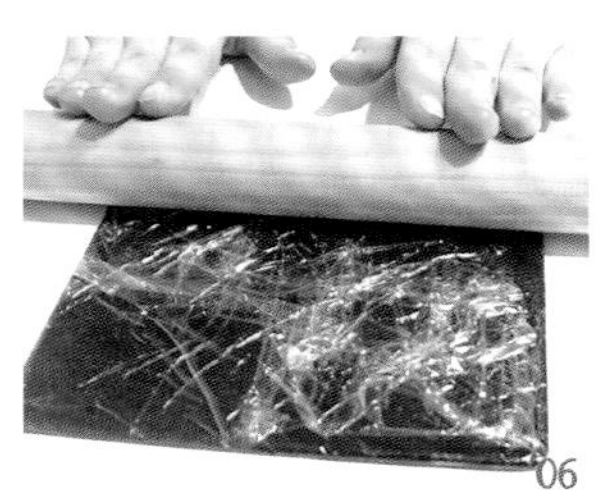

06
將可可麵糰包上保鮮膜，桿成約長 15 公分、寬 13 公分的方形麵皮。

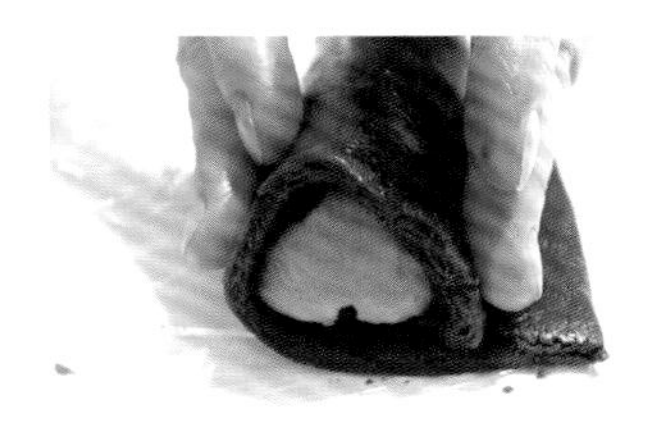

07
取出冰硬的粉紅心形麵糰，放在可可麵團中央後，直接包起來。

08
用保鮮膜將麵糰包住，放入冰箱冷藏至少 1 小時讓麵糰變硬。

09
取出冰硬的麵糰，切成 0.5 公分的片狀，並以預熱 180 度烤箱烘烤約 15 ～ 20 分，就完成囉！

麵糰在室溫中會越來越軟，為了固定形狀，就必須不時將麵糰放進冰箱塑形，這樣做出來的餅乾圖案才不會歪七扭八哦！

典雅可愛的英式格紋

親手烤出英格蘭系的格紋餅乾，
再配上一壺香氣濃郁的紅茶，
嗯～這就是美好的午後時光！

材料

80g 原味麵糰
90g 原味麵糰 +1 小匙特黑可可粉調成咖啡色
80g 原味麵糰 +1 小匙抹茶粉調成綠色

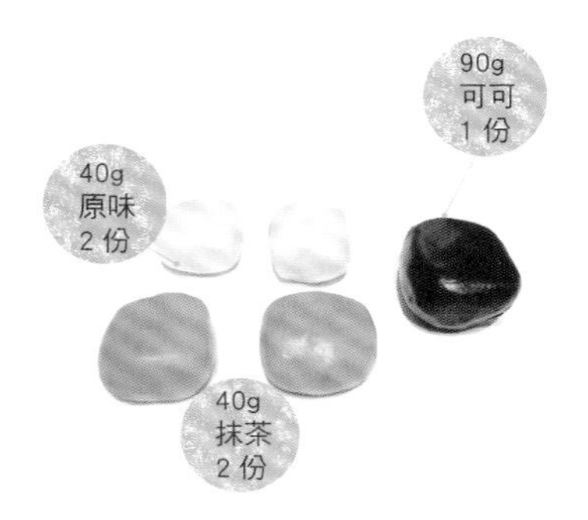

STEP BY STEP

01
先將抹茶與原味麵糰各自搓成 15 公分長條。

02
接著將每個麵條都整成正方形，再交錯顏色。

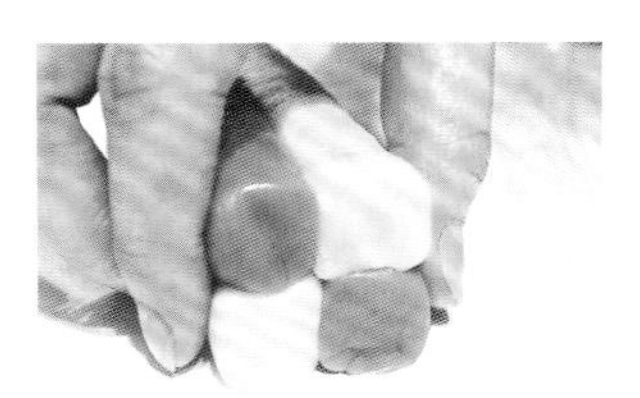

03
將麵糰上下交錯排成棋格狀，輕輕併攏起來，格紋就出現啦！

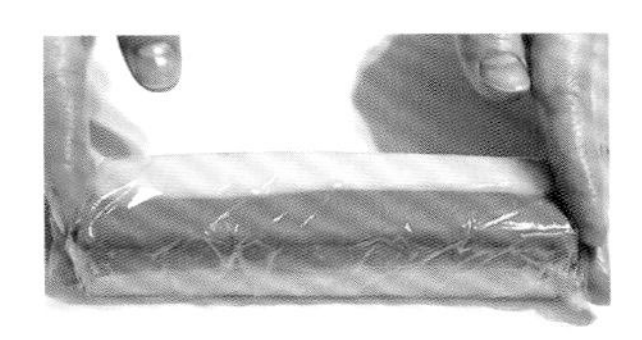

04
把麵糰包上保鮮膜，放到冰箱裡面冷凍約 20 分鐘，讓拼好的格紋圖案定型。

05
將 90g 咖啡色麵糰桿成長 15 公分、寬 14 公分的方形麵皮。

06
再把冰硬的格紋麵糰放在麵皮中間。

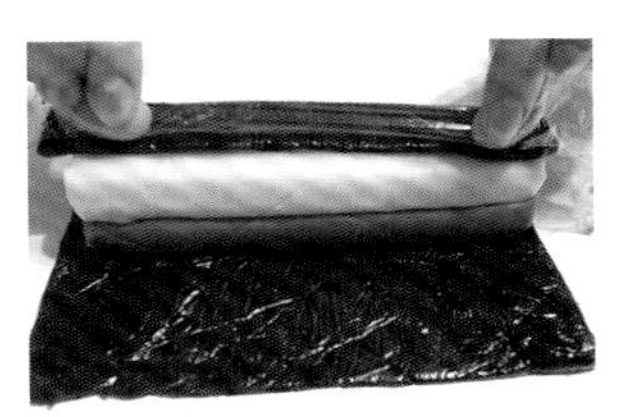

07
用咖啡色麵皮和保鮮膜，一起把格紋麵糰捲起包好。

08
包好麵糰後，放入冰箱冷藏至少 1 小時以上。

09
當麵糰變硬後，就可以取出切成 0.5 公分厚的片狀了，最後，再放入預熱 180 度烤箱烘烤約 15 ～ 20 分鐘，就是漂亮的格紋餅乾囉！

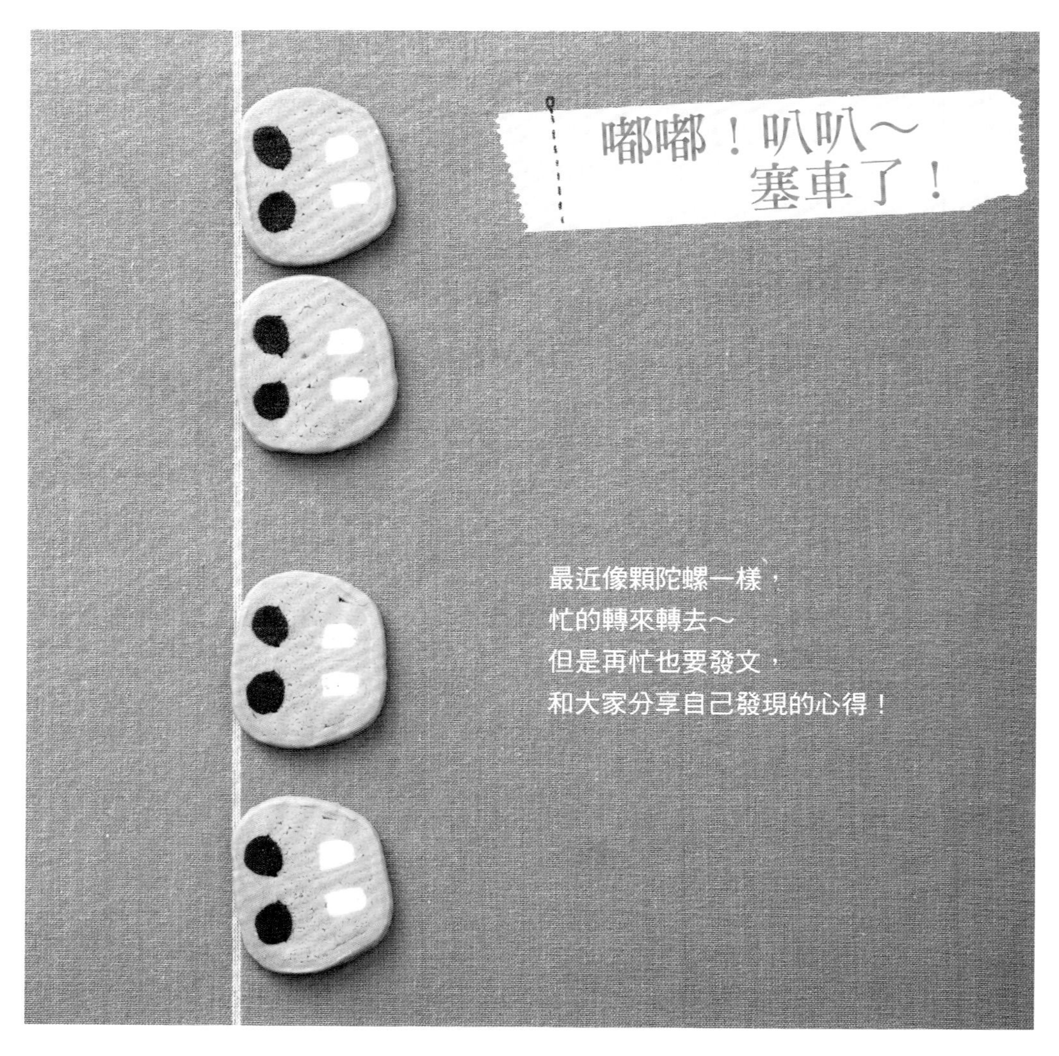

材料

20g 原味麵糰

30g 原味麵糰＋少許竹炭粉調成黑色

110g 原味麵糰 + 一大匙乳酪粉調成橘色

90g 原味麵糰 +1 小匙抹茶粉調成綠色

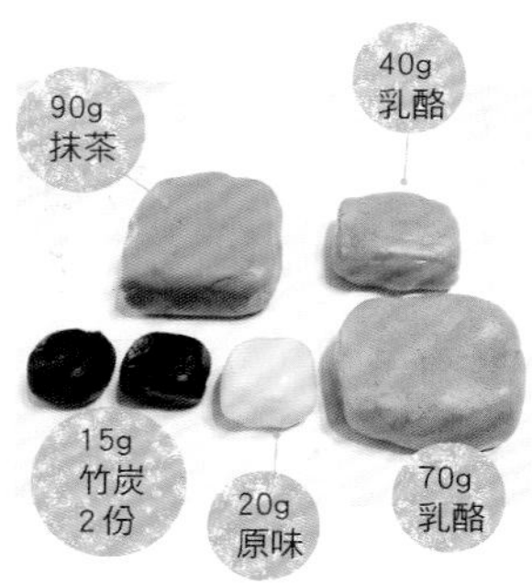

STEP BY STEP

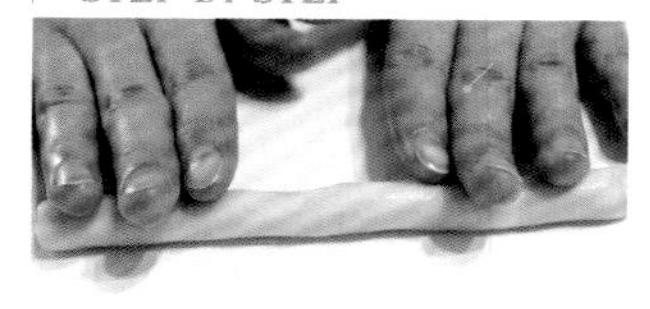

01

20g 原味麵糰先搓成 15 公分，再輕輕捏成長約 15 公分、寬約 2cm 的長方形薄片，包上保鮮膜後，放入冰箱冷凍約 5 分鐘。

02

把 40g 乳酪麵糰桿成長 15 公分、寬 5 公分的方形麵皮，接著把冰硬的步驟 1 麵皮，放在橘色麵皮中間，輕輕包起來，放在一旁備用。

03

將兩份 15g 竹炭麵糰分別搓成 15 公分，和步驟 4 麵糰分別包上保鮮膜，一起放入冰箱冷凍約 10 分鐘。

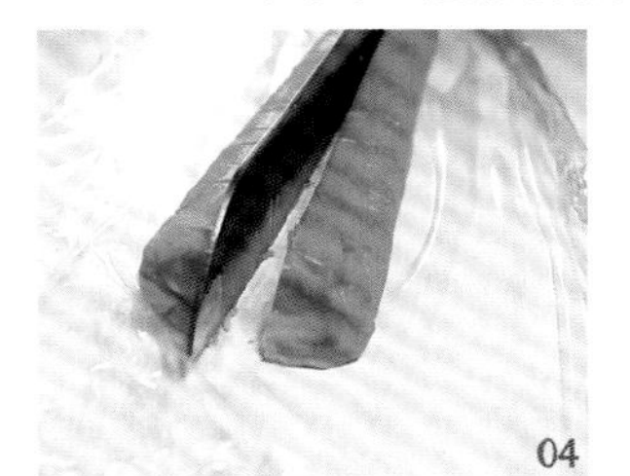

04

從冰箱拿出冰硬的步驟 4 麵糰，把麵糰切成一半。

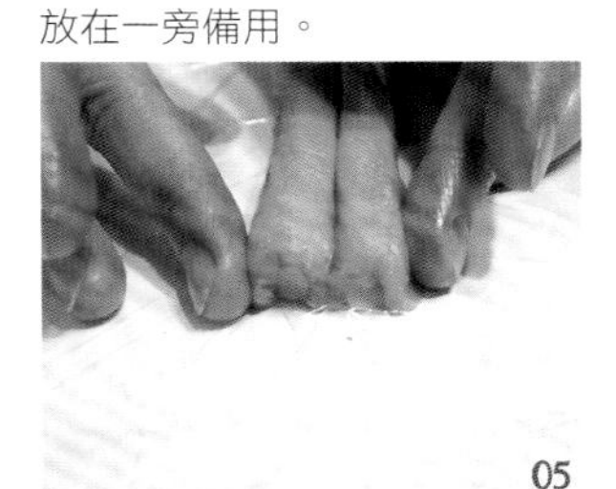

05

將切開的麵糰切口朝下，拼在一起，放在一旁備用。

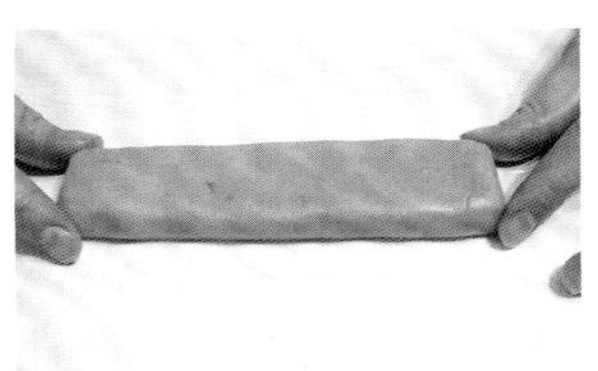

06

拿出 70g 乳酪麵糰搓成 15 公分長條後再整成長方形。

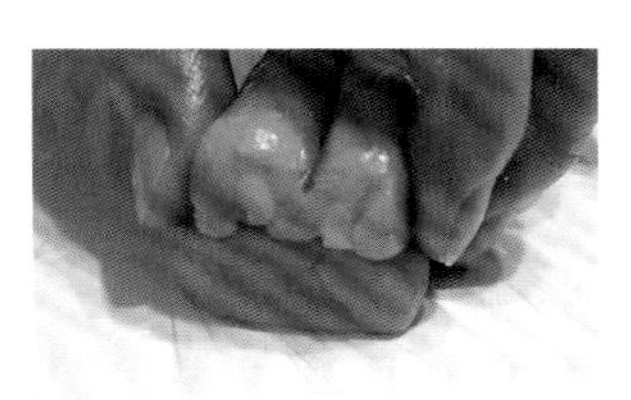

07

將步驟 5 的麵糰，放在步驟 6 的麵糰上方。

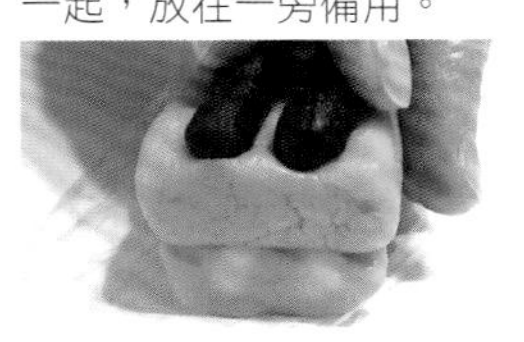

08

把步驟 7 組合的麵糰翻轉，底部朝上，再將冰硬的 15g 黑色麵糰放上，輕輕壓一下，讓竹炭麵糰稍稍陷入乳酪麵糰，就做成汽車圖形囉！

09

將汽車麵糰包上保鮮膜後，放入冰箱冷凍約 15 分鐘。

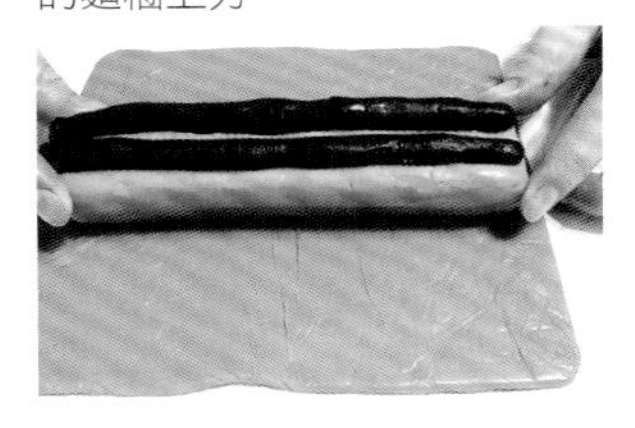

10

接著，把 90g 抹茶麵糰桿成長 15 公分、寬 14 公分的方形麵皮，再把冰硬的汽車麵糰放在抹茶麵糰的中間。

11

切掉兩邊多出來的麵皮，把它補在車輪中間的縫隙裡面。

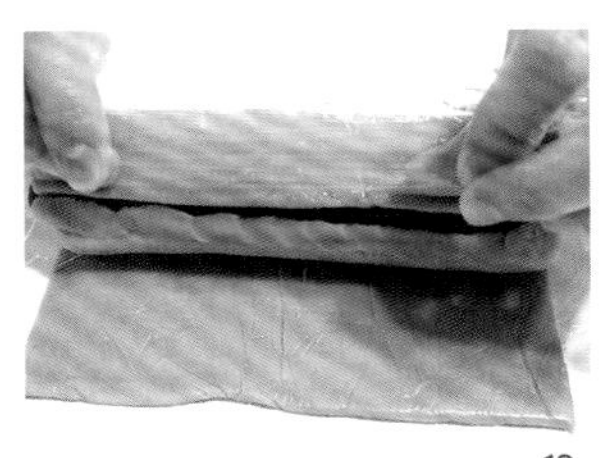

12

用方形麵皮把麵糰捲起，用保鮮膜包好，放到冰箱冷藏至少 1 小時。

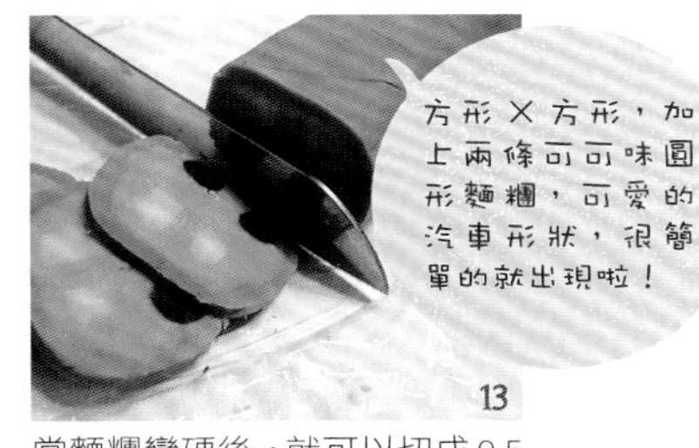

13

當麵糰變硬後，就可以切成 0.5 公分厚的片狀，最後放入預熱 180 度烤箱烘烤約 15 ～ 20 分鐘，就是可愛的汽車餅乾啦！

PART 5
食材徹底活用！

美味又簡單的
午茶點心

由於經常會做餅乾，有些材料會剩下很多，
這個時候，就發揮家庭主婦不浪費的精神，
把它利用到底！
不過，也是因為愛吃啦（笑）

杏仁可可義式脆餅

單純的堅果與蛋香，
有別於一般餅乾的脆硬口感，
是咖啡的絕佳拍檔！
小本最常把它拿來泡在牛奶裡，
肚子小餓或嘴饞時，
啃一啃就會非常滿足～

材料（約20片）：

低筋麵粉 85g
無糖可可粉 15g
生杏仁粉 30g
細砂糖 60g
全蛋液 65g
泡打粉 1g
無鹽奶油 10g
杏仁片 30g
水滴巧克力豆 30g

裝飾：

牛奶巧克力 適量
彩糖 適量

STEP BY STEP

杏仁片先以沒放油的鍋子炒香，或是以烤箱烤香，奶油則先微波 15～20 秒融化，都是小本試了好多次的成果喲！

把生杏仁粉與細砂糖放入鋼盆裡面。

接著將可可粉、低筋麵粉與泡打粉一起過篩到步驟 2 的鋼盆裡面。

再將烤香的杏仁片與水滴巧克力豆也一起放入，攪拌均勻。

接著，加入打散的蛋液、融化的奶油液與香草精，用刮刀攪拌均勻。

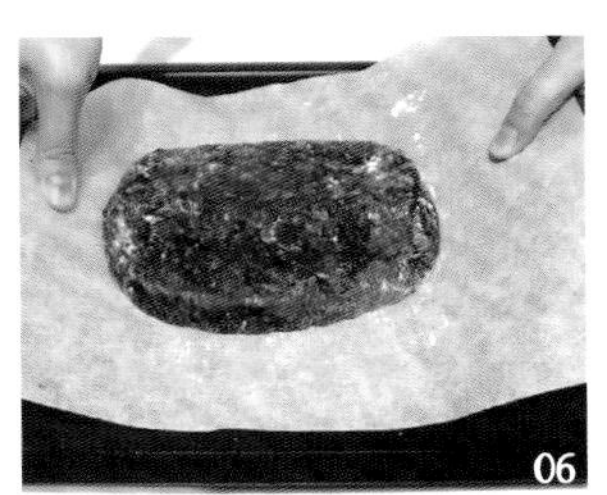

把刮刀拌好的麵糰，放在烤盤紙上，灑一些高筋麵粉避免沾黏，接著將麵糰整成長 20 公分、寬 10 公分的長方形麵糰。

注意，剛剛過篩進鋼盆的可可粉、低筋麵粉和泡打粉，攪拌時都還是粉狀的～

這個時候的麵糰已經熟了，但還沒有硬脆的口感，繼續做以下的步驟。

以上火 180 度、下火 170 度預熱好的烤箱，烘烤約 15～20 分，用竹籤插入，確定麵糰不沾麵糊後，再拿出來。

用刀切成約 0.5～1 公分厚的長餅狀。

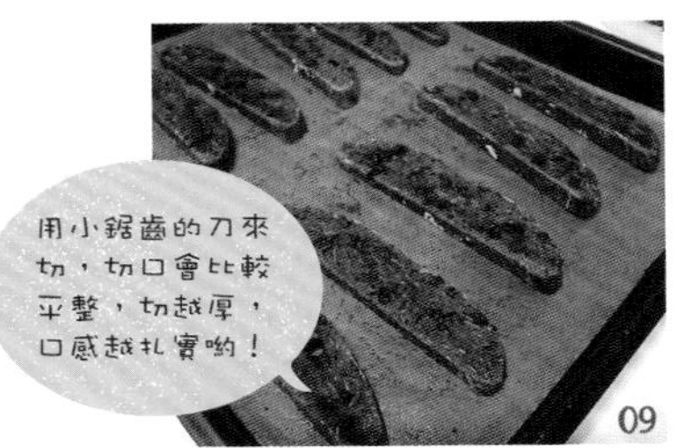

用小鋸齒的刀來切，切口會比較平整，切越厚，口感越扎實喲！

切好的餅乾平鋪在烤盤上，再用 165 度繼續烘烤 15～20 分，直到餅乾變脆硬，就可以吃啦！剛出爐的脆片超香喲！

小本的裝飾小祕密

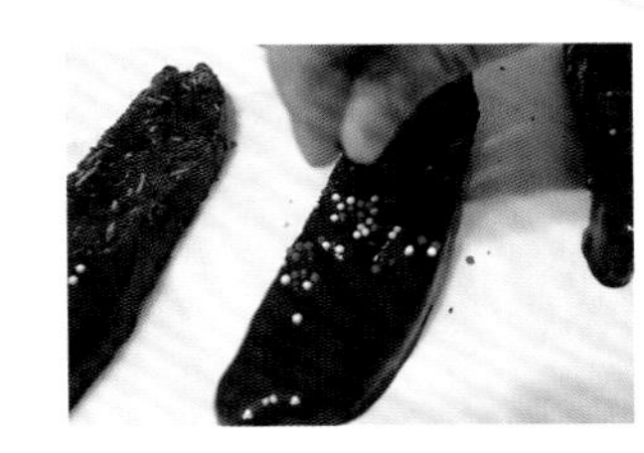

如果還想要更華麗，可以將適量的牛奶巧克力磚隔水融化，把脆餅的一半沾上巧克力，再灑上喜愛的彩糖或裝飾糖，就變成華麗風的義式脆餅囉！

巧克力玉米脆片

超簡單的一款巧克力點心，
不用準備很多材料，
做出來的口感卻很棒！
有堅果的香氣和玉米片的酥脆，
就算不愛甜食的人也可以接受！

材料（七公分心模 6 塊量）：
苦甜或牛奶巧克力 150g，
可依自己喜好做選擇
杏仁片 40g、早餐玉米脆片 60g，
本次使用草莓與可可各半

做造型前，先準備好！

隔水加熱巧克力的簡單方法

①把需要的巧克力塊，切成小碎塊備用。

②將需要的巧克力隔水融化。

③將融化後的巧克力糊倒入三明治塑膠袋裡面。

④將塑膠袋綁緊備用。

STEP BY STEP

01 先把杏仁片、玉米片放入鋼盆裡面，然後稍微壓碎。

02 把巧克力磚切成小塊，這樣可以縮短融化的時間哦！

03 準備一大一小的鋼盆，在小鋼盆內放入切碎的巧克力，大鋼盆則放入熱水，以隔水加熱的方式讓巧克力融化。

04 確定巧克力完全融化，就可以將玉米脆片和杏仁片一起攪拌。

05 桌上先鋪一張烤盤紙或保鮮膜，然後拿一個餅乾模，把巧克力糊放進去。

06 填完後就可以直接把餅乾模拿起來，等麵糊冷卻到室內的溫度後，放到冰箱裡面冷藏，等形狀凝固。

07 最後，用融化的白巧克力畫線裝飾，就是美味又可口的巧克力脆片啦！

小本的裝飾小祕密

想用什麼造型的餅乾模都可以，但注意不要拿太小的，形狀會看起來不明顯，吃起來也不過癮喲！

巧克力布朗尼

布朗尼是小本平時
很愛製作的一道甜點，
因為做法簡單又不容易失敗，
而且，在其貌不揚的外表下，
是香醇濃厚的超級美味！

材料（巧克力布朗尼杯模6杯量，或18×18方模1份）：

A：苦甜巧克力 100g
　無鹽奶油 100g

B：全蛋 100g
　（常溫，約兩顆的量）
　細砂糖 150g
　香草精 1/4小匙

C：低筋麵粉 70g
　小蘇打粉 1/4小匙

D：碎核桃 約50g
　（可省略或更換成巧克力水滴豆）

STEP BY STEP

先將A材料全部放入鋼盆裡面，以隔水加熱的方式將材料攪拌成光滑的巧克力糊後，關火，放一旁備用。

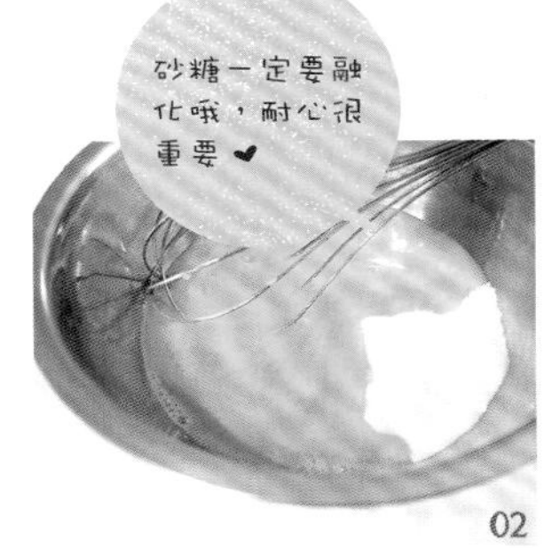

另外，拿一個鋼盆，將B材料以打蛋器攪拌，直到砂糖都融化消失為止。

將步驟2的B材料倒入步驟1的A料裡面，攪拌均勻。

接著，把C材料過篩到步驟3的巧克力糊裡，並用刮刀攪拌均勻。

將調好的巧克力糊倒入喜歡的免洗紙模裡面，因為蛋糕會膨脹，所以大約1/2滿就好了。

然後，在表面撒上核桃。

最後，把紙模蛋糕在烤盤上排好，放到以上火180℃、下火165℃預熱好的烤箱裡面，烘烤約22～25分鐘，用竹籤插入內部略濕，就表示完成囉！

小本的叮嚀

☆布朗尼因添加大量巧克力，所以冷藏後，口感會變得扎實，建議食用前，在室溫退冰或以微波15秒恢復溼潤的口感，就可以保持美味囉！
☆烤模可以挑選喜歡的樣式或形狀，但麵糊倒入烤模的高度最好別超過3公分，免得烘烤好的布朗尼表面過乾或內部不容易熟透。

柳橙布丁塔

還是一樣用剩下的材料做～
嘿嘿！看不出來吧！
微酸的柳橙、
口感滑順綿密的布丁餡，
再搭上酥香的塔皮一起品嘗……
只能說好好吃喲！

材料（8吋塔模一個）：

A. 塔皮：
餅乾麵糰約 300g
B. 布丁餡：
鮮奶 250C.C.
動物性鮮奶油 150C.C.
蛋黃 3 個 約 50g
低筋麵粉 20g
香草糖 55g（細砂糖 55g+1 小匙香草精，或細砂糖 55g 加半根香草豆莢）
玉米粉 15g
C. 喜歡的水果：
適量

STEP BY STEP

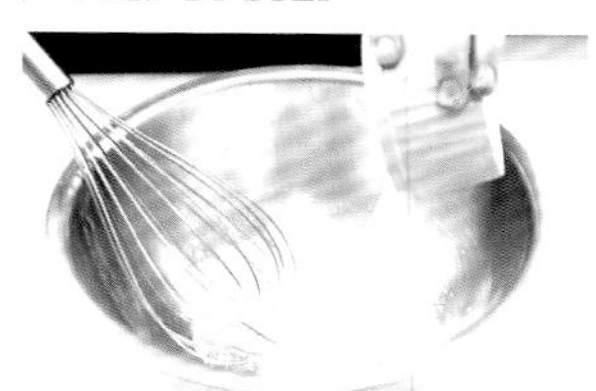

A. 先做內餡

01
先將玉米粉與低筋麵粉過篩，然後和香草糖一同放入不銹鋼鍋裡面。

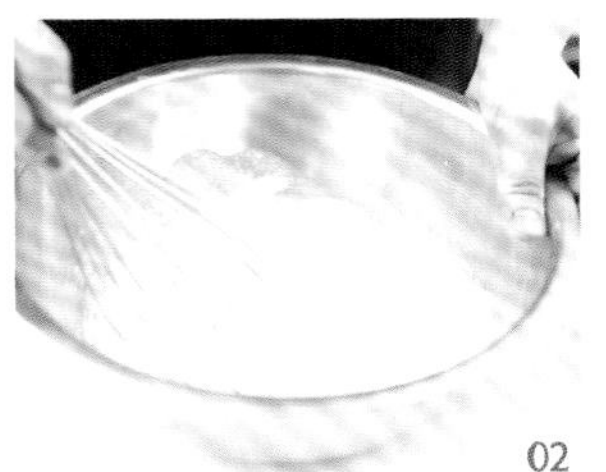

02

倒入一點鮮奶油，用打蛋器攪成濃稠狀。

03

接著，把蛋黃加進來，一起攪拌均勻。

04

再加入剩下的鮮奶與鮮奶油，一樣攪拌均勻。

05

最後，把鍋子放在瓦斯爐上，以小火邊煮邊攪拌，煮到濃稠狀，而且冒出大泡泡後，就可以關火放涼了。

B. 再做塔皮

01

首先，在烤模上抹薄薄一層奶油，再把餅乾麵糰桿成約 0.5 公分厚的麵皮。

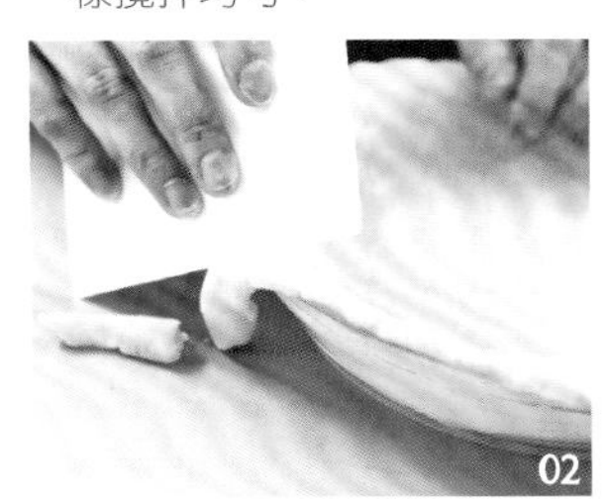

02

把麵糰移到派盤上，稍微壓一下，讓派皮貼著派盤，再切掉多餘的麵皮。

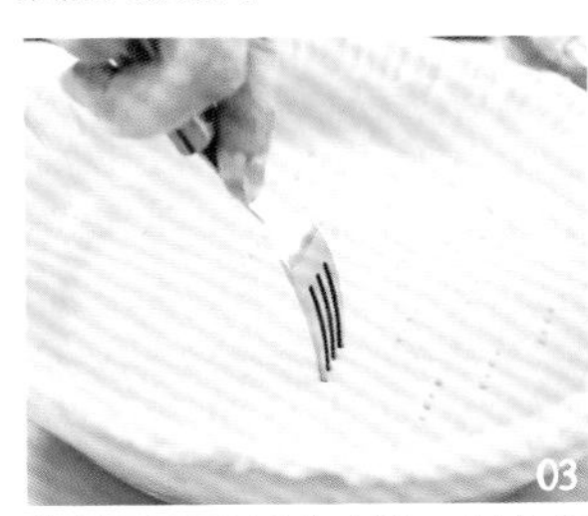

03

接著用叉子插出小孔，以免烤的時候，派皮鼓起來喲！

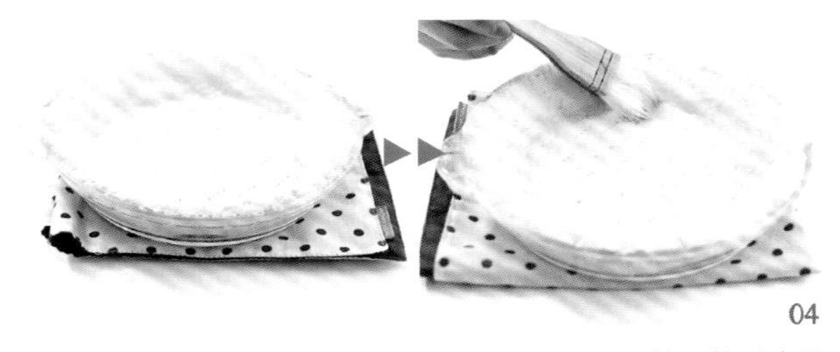

04

把派皮放到預熱 200 度的烤箱烘烤約 18 ～ 20 分鐘，等派皮呈現金黃色後，塗上一層蛋液，再放入烤箱裡面烘烤約 3 分鐘讓蛋液凝固，就完成派皮囉！

這道甜點還可以用檸檬汁來做～這邊是教大家直接放水果的簡單做法 ♥

C. 最後完成

將放涼的布丁餡倒在派皮上，最後，看喜歡什麼水果就放上去，大功告成啦！

小本的叮嚀

☆煮布丁內餡時，一定要不斷攪拌，而且要用小火，不然很容易失敗燒焦哦！
☆除了柳橙之外，也可以放上各種水果，例如草莓、水蜜桃、加州李……都很好吃哦！
☆還有～如果不想要做這麼大尺寸的派，也可以改用 6 連式的馬芬模來做，看起來會很精緻可愛喲！
☆最後，建議放在冰箱冷藏一個晚上，口感會更棒哦！

生巧克力

生巧克力，
有著大人系的苦甜滋味，
加入鮮奶油，口感更加滑順，
外層裹上可可粉，
不僅賣相佳又美味，
快來一起動手試試看，
保證成就感滿分！

材料（15×15 公分模一份，約 16 ～ 20 塊量）：

苦甜或牛奶巧克力 200g
動物性鮮奶油 100g
無鹽奶油 10g
無糖可可粉或防潮可可粉 適量

STEP BY STEP

鮮奶油煮至快滾，此時鍋邊會起泡泡喲！

加入切小塊的巧克力攪融。

再加入無鹽奶油 10g 攪融。

全部倒入 DIY 紙模中，紙模做法請參照 P21。

待巧克力降溫至常溫溫度，放入冰箱冷藏冰硬後取出，切塊（刀子可先在瓦斯爐上稍熱過再切，會更整齊）。

接著用濾網篩上些無糖可可粉就完成啦！

如果手邊沒有濾網，也可以如圖適量均勻沾上可可粉。

小本廚房教室 Q&A

自從成立部落格以來，小本認識了很多喜愛烘焙的網友，也有很多剛開始接觸或已經接觸烘焙一陣子的人，在部落格的留言板上發問，以下就將大家最常在部落格上發問的問題整理出來，希望可以幫助到大家！

※ 製作前～請大家要注意三個原則：

★第一次做餅乾，請確實按照食譜配方的材料重量製作。

★製作的所有材料（如無鹽奶油或蛋），除非有特別註明，不然都是用室溫來做哦！

★烤箱一定要先預熱 10 ～ 15 分鐘，以免影響成品的外觀及口感。

戚風蛋糕問：打發好的奶油糊加入蛋液後變成蛋花狀了？

這是因為放在室溫的奶油，遇到溫度過低的液體就會凝固，導致無法與其他材料融合的很好，而餅乾麵糰會用到的液體就是蛋液，所以，要記得把雞蛋和奶油一樣拿到室溫退冰後再使用，這樣奶油糊就不會變成蛋花狀啦！

汪汪問：做餅乾時，一定要加泡打粉或小蘇打粉嗎？

也可以不加哦！只是做出來的餅乾體積會比較小，口感也會比較硬，比較沒有鬆鬆的口感。小本是美味主義者，而且加入的份量不太多，所以覺得OK啦！

ANGEL問：為什麼烤出來的餅乾常會軟軟的啊？

餅乾會軟軟的有兩種可能，一種是餅乾還沒熟，可以再多烤一會試試看，另一種是因為餅乾還沒冷卻，所以還會有點軟軟的，別急！等餅乾涼透再看看哦！

紅兒問：做好的餅乾要怎麼保存？那可以保存多久呢？

把烤好的餅乾放涼後，放在密封盒或密封袋中，如果有食品乾燥劑的話，也可以一起放進去。如果不拆封的話，在室溫下，大概可以保存兩週左右，不過，最好還是要盡快吃掉哦！

喬喬問：做餅乾壓模後，剩下的麵皮還可以繼續使用嗎？

當然可以啊！對於勤儉持家的煮婦來說，剩下的材料都可以拿來使用！比如拿來做派皮（參照P166），但要記得多餘的麵皮不要揉過頭了，以免產生「筋性」，另外，麵皮也不要馬上使用，在冰箱冰一下，就可以重複使用囉！

抹茶問：爲什麼糖霜吃起來有點粉粉的呢？調製糖霜時，需要用力打發嗎？一直不成功，眞氣人啊！

糖霜吃起來粉粉的是因為糖霜打過頭啦！糖霜裡面要是含了過多的空氣，口感就不太好吃了。建議調製糖霜時，使用刮刀來攪拌就好，而且要盡量避免拌入過多空氣。

企逃人問：糖霜的顏色不使用食用色素，改用抹茶粉或可可粉等天然的粉末來調色嗎？

當然可以使用天然的啊～在使用這種粉末調色之前，記得先用少許冷開水讓粉末化開後，再加入糖霜中調色，就可以讓顏色均勻。

福氣問：我在畫餅乾時，發現糖霜有小氣泡，怎麼辦啊？

這個時候一定要冷靜！擠糖霜前，要先把袋子內的空氣完全擠出，再開始畫，如果還是有氣泡，可趁糖霜剛畫好還沒乾的時候，用牙籤戳破，再把餅乾拿起來，用力搖一搖，讓表面的糖霜均勻，就可以啦！

機車人問：糖霜除了使用新鮮蛋白，還可以用什麼來替代呢？

如果不想用新鮮蛋白，也可以使用蛋白粉加冷開水還原製作。因為蛋白是能讓糖霜凝固的重點，所以很重要哦！

糖糖問：擠上糖霜的餅乾都會軟掉耶！爲什麼啊？

建議將上好色的糖霜餅乾放在通風的地方，用電風扇吹散溼氣或用烤箱餘熱來加速糖霜乾燥的速度，還可以避免餅乾因為吸收過多糖霜或空氣中的水分而變得軟軟的狀況。

美美問：怎麼才能判斷糖霜裡面都確實乾燥了？

糖霜在完全乾的時候，質地會得脆脆硬硬的，而且表面沒有濕氣（摸摸看～）就表示已經完全乾燥了。另外要提醒美美，在畫糖霜餅乾時，一定要等餅乾確實冷卻才能開始畫哦！不然糖霜很容易融化，顏色都混在一起了。

阿祖問：做出來的冰箱餅乾造型都會歪七扭八的？

有些人在包最外層的麵糰時，都會不自覺地用力滾啊滾，想把麵糰條滾得很圓，但是這樣很容易讓圖案變形，最後等全部做好，切開餅乾時也會因為這樣而產生縫隙，所以在做裡面的造型時就要確實的壓整好，最後包上麵皮的動作就會輕鬆很多哦！

女神問：有其他辦法可以取代畫表情的調色蛋黃液嗎？

如果覺得調蛋黃液很麻煩，可以在餅乾烤好後直接以融化的巧克力或染色的糖霜畫上。因為眼睛、嘴巴的表情很細緻，比較難直接揉麵糰貼上去，用畫的會比較可愛哦！

小果子問：餅乾烤好後，跟旁邊的餅乾整個黏在一起了？

餅乾麵糰中有添加少許泡打粉，所以烘烤時會膨脹，建議烤盤上的餅乾間隔至少約2公分，這樣就可以避免全部黏在一起了。

凌凌漆問：加熱融化巧克力時，感覺有水跑出來？

這是因為水太熱，巧克力就「油水分離」了唷！所以，隔水加熱融化巧克力的溫度，最好不要超過55度（如果沒溫度計，這個很難測量），重點是不要用太燙的水，也別過度攪拌，更不要直接將巧克力放在鍋中直接以爐火加熱，這樣就可避免發生油水分離的狀況哦！

小七問：做好冰箱餅乾切開後，會有好多縫隙和洞洞呢~要怎麼做才不會發生這種情形咧？

切記做冰箱餅乾時一定要注意凹槽，把下面要包覆上來的麵皮取一些下來，補到這些凹槽和有可能會產生縫隙的地方，再繼續包麵糰，才不會有洞哦！

小本廚房實錄
http://annakitchen.pixnet.net/blog

小本不是老師也不是專家，
僅是熱愛廚房烘焙的煮婦，
不是所有糕點都會製作，
但對於自己喜愛的東西絕對會實驗到底~
所以在這個廚房小天地中是不讓人求食譜的喲！謝謝

小本廚房Facebook粉絲團
網址：請上Facebook搜尋「小本廚房」

在這裡可以看到小本的即時分享、各式各樣的可愛餅乾造型，
從可愛動物、卡通圖案到特殊節日等等，琳瑯滿目，
甚至能看到小本心血來潮的驚艷之作，
例如隨手畫出的切．格拉瓦畫像！
現在，就趕快上網搜尋按「讚」！

烘焙材料哪裡買

富盛烘焙材料行
基隆市曲水街 18 號（近三坑火車站）
電話：（02）2425-9255
傳真：（02）2425-9256

艾佳食品有限公司
新北市中和區宜安路 118 巷 14 號
電話：（02）8660-8895
傳真：（02）8660-8415

德麥食品股份有限公司
新北市五股工業區五權五路 31 號
電話：（02）2298-1347
傳真：（02）2298-2263
http://www.tehmag.com.tw/

上筌食品原料行
新北市板橋區長江路三段 64 號
電話：（02）2254-6556
傳真：（02）2259-7217

日光烘焙材料專門店
台北市信義區莊敬路 341 巷 19 號
電話：（02）8780-2469
http://www.baking-house.com.tw/

向日葵烘焙 DIY
台北市大安區市民大道四段 68 巷 4 號
電話：（02）8771-5775
http://diy.bakediy.com.tw/

飛訊烘焙公司
台北市士林區承德路四段 277 巷 83 號
電話：（02）2883-0000
傳真：（02）2882-2233
http://www.cakediy.com.tw/

義興西點原料行
台北市松山區富錦街 578 號
電話：（02）2760-8115
傳真：（02）2765-4181

桃榮食品用料行
桃園縣中壢市中平路 91 號
電話：（03）422-1726
傳真：（03）427-3029

華源食品行
桃園市中正三街 38 號
電話：（03）332-0178
傳真：（03）332-7858

康迪食品原料行
新竹市建華街 19 號
電話：（035）208-250

新盛發食品行
新竹市民權路 159 號
電話：（03）532-3027

天隆食品原料行
苗栗縣頭份鎮中華路 641 號
電話：（03）766-0837

豐榮食品材料行
台中縣豐原市三豐路 317 號
電話：（04）2527-1831
傳真：（04）2515-7165

總信食品有限公司
台中市復興路三段 109-4 號
電話：（04）220-2917
傳真：（04）224-0761
http://www.tzong-hsin.com.tw/

永美製餅材料行
台中市北區健行路 665 號
電話：（04）2205-8587
傳真：（04）2205-9167

辰豐實業有限公司
台中市西屯區中清路 151-25 號
電話：（04）2425-9869
傳真：（04）2426-1236
http://www.chengfong2005.com.tw/

順興食品原料行
南投縣草屯鎮中正路 586 之 5 號
電話：（049）2333-455
傳真：（049）2333-458

億全食品原料行
彰化市中山路二段 306 號
電話：（04）726-9774

天一美食材料生活館
雲林縣斗六市仁義路 6 號
電話：（05）532-8000
傳真：（05）532-6262
http://www.spices.com.tw/

大福食品原料行
嘉義市西榮街 135 號
電話：（05）222-4824

永昌食品原料行
台南市長榮路一段 115 號
電話：（06）237-7115
傳真：（06）276-1436

銘泉食品原料行
台南市和緯路二段 223 號
電話：（06）251-8007
傳真：（06）251-3802
http://mealchain.kong.tw/

富美食品原料行
台南市開元路 312 號
電話：（06）237-6284

和成香料原料行
高雄市三民區熱河一街 208 號
電話：（07）311-1976
傳真：（07）311-1976

德興烘焙原料
高雄市十全二路 101 號
電話：（07）311-4311
傳真：（07）311-4315
http://derhsinng.myweb.hinet.net/com.htm

新鈺成食品原料行
高雄市前鎮區千富街 241 巷 7 號
電話：（07）811-4029
傳真：（07）815-8244
http://www.syc-ych.com.tw/

裕順食品有限公司
宜蘭縣羅東鎮純精路 60 號
電話：（039）543-429
傳真：（039）560-168

萬客來食品行
花蓮市和平路 440 號
電話：（038）362-628
傳真：（038）362-638

〔香港地區〕

二德惠
★荃灣店
地址：香港荃灣青山公路 264 號南豐中心 803 室
電話：（852）8111-3020

★油麻地店
地址：香港九龍油麻地上海街 395-397 號安業商業大廈 8 字樓
電話：（852）8111-3080

★灣仔店
地址：香港灣仔莊士敦道 137 號新盛商業大廈 1 字樓
電話：（852）8111-3090
電郵：shop@twinsco.com
http://twinsco.com

I Love Cake
★油麻地店
地址：九龍油麻地上海街 338 號地舖
電話：（852）2671-2671

★灣仔店
地址：香港灣仔灣仔道 188 號 H2 地舖
電話：（852）2671-2644
http://www.ilovecake.hk

心甜烘焙材料專門店
地址：香港銅鑼灣怡和街 22 號 10 樓全層
電話：（852）2882-7188
電郵：sweetiebaking@yahoo.com.hk
http://sweetiebaking.com

橘子烘焙專門店
地址：新界荃灣南豐中心 7 樓 738 室
電話：（852）2499-2281
電郵：orangebakingstore@yahoo.com.hk
http://orangebakingstore.com

天使烘焙材料專門店
地址：九龍城衙前圍道 70-72 號金滿樓 2 樓 A 室
電話：（852）2716-2838
電郵：angelsbaking@yahoo.com.hk
http://sites.google.com/site/angelsbaking/home

bakingwarehouse
地址：九龍觀塘開源道 72 號，溢財中心 4 樓 E 室
電話：（852）2172-6916
電郵：info@bakingwarehouse.com
http://www.bakingwarehouse.com/2004-04/address.asp

大家快來動手
試試看吧！

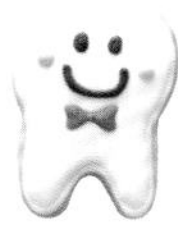